■ 理系学生が一番最初に読むべき！

英語科学論文の書き方

IMRaDでわかる科学論文の構造

- ●編集・執筆　**片山晶子**　東京大学教養学部附属グローバルコミュニケーション研究センター
ALESSプログラム特任講師／駒場ライターズスタジオマネージャー
- ●執筆　**中嶋隆浩・三品由紀子**

INTRODUCTION, METHOD,
RESULTS and DISCUSSION

中山書店

序

「研究ってただ自分が知りたいから実験して終わり，じゃダメなんですか」と大学に入ったばかりの学部1年生に真顔で聞かれて，一瞬返答に詰まったことがある．なぜダメなのかは一言では説明できない．とりあえずそのときは「研究は伝えないと研究じゃないから」と答えてみた．大学や研究機関でなされる研究は，学生も含めた新米がする研究でも，業績豊富なベテランの研究でも，皆グループ活動である．たとえ一人でしているように見える研究でも，新しい知識を生み出すためには，自分以外の人の批判や協力が必要だ．グループ活動はコミュニケーションによって成り立っている．「ただ自分が知りたいから」はもちろんすべての研究者に共通するスタート地点だ．しかし「知る」ためにはたくさんの論文を読み，そして実験をしたらその結果と考察をたくさんの人に読んでもらい，批判に応えることで信憑性を確かめ，さらに自分や他の研究者の次の研究に資する．このサイクルを繰り返していくのがこれからプロとして研究することを志す皆さんの日々となる．

今は英語で論文を書くことに不安を感じている皆さんが，科学論文の共通言語である英語で研究活動をすることに（多少は負担を感じつつも）慣れる日が早く来るように，そして何よりも皆さんがこれからする素晴らしい研究が，この地球上の多くの研究者に今だけでなく将来も読まれるように，と念じつつ本書は執筆された．苦労の結晶である研究が学術誌に掲載されるのは嬉しい．英語で書くからたくさんの人に読んでもらえる．海外の思わぬところからコメントのメールが来たりする．そんな経験を繰り返していくうちに，皆さんもいつの間にか英語で発信をする一人前の科学のコミュニティの一員になっていくだろう．

本書の執筆は多くの人々の協力がなくてはなしえなかった．東京大学の初年次の科学英語プログラム ALESS（Active Learning of English for Science Students），英語プログラム付属の科学実験室である ALESS Lab，そして同

プログラム履修生の論文執筆支援をしているライティングセンター・駒場ライターズスタジオの関係者の皆様には数え切れない貴重な助言を頂戴した．東京大学情報基盤センター学術情報リテラシー担当の皆さんにも，日頃から本書の内容にも関連する支援をいただいている．また中山書店編集者の鈴木幹彦氏の温かいサポートにも著者一同心からお礼申し上げる．

2017年2月

東京大学教養学部附属
グローバルコミュニケーション研究センター
片山晶子

理系学生が一番最初に読むべき！英語科学論文の書き方

目次 | Contents

はじめに……………………………………………………………………… 1

第1章 | 科学論文とは何か　　5

- 科学論文にはどこで出会えるか……………………………………… 6
- 科学論文とはどのようなものか……………………………………… 8
- 科学者や研究者とはどんな人々か…………………………………… 9
- 先行研究のない科学研究はない……………………………………… 12
- 巨人の肩の上に立つ…………………………………………………… 14

（中嶋隆浩）

第2章 | 科学論文の構成　　19

- IMRaD 形式とは………………………………………………………… 20
- IMRaD 形式の特徴と他の科学論文形式との違い…………………… 22
  - Letters ……………………………………………………………… 22
  - Review ……………………………………………………………… 23
- IMRaD 論文の各部分の役割と構成…………………………………… 24
  - Title（題名）……………………………………………………… 24
  - Abstract（アブスト；要約）……………………………………… 26
    - Abstract 内のミニ論文── 2 つの例………………………… 26

Introduction（イントロ；基礎知識と研究の位置づけ）・・・・・・28
　　　　Introduction の実例・・・・・・29
　　　　Introduction の締めくくり 2 つの例・・・・・・31
　　Method（研究方法，手法）・・・・・・32
　　　　Materials・・・・・・33
　　　　Procedure/Protocol（研究方法・実験方法）・・・・・・33
　　Results（研究結果）・・・・・・34
　　Figure・・・・・・35
　　Discussion（結果の傾向や意味）・・・・・・39
　　References（参考文献）・・・・・・42

　　　　　　　　　　　　　　　　　　　　　（三品由紀子）

第3章　科学論文の英語　　53

- 論文英語は英米語ではなく国際語である・・・・・・55
- IMRaD でやるべきこと・やってはいけないこと・・・・・・57
　　Introduction に無駄なことを書きすぎる・・・・・・58
　　Method を時系列にそって書かない・時制が不統一・・・・・・59
　　Results は Discussion の準備・・・・・・60
　　Results は描写・Discussion は考察・・・・・・61
　　Discussion が Introduction と呼応していない・・・・・・61
- Paragraph が書けますか・・・・・・61
- シンプルな文がいい・・・・・・66

- 絶対に誤解されないための単語や表現 ………………………… 67
  - 定義を明確にする ……………………………………………… 67
  - 多義語・慣用句を避ける ……………………………………… 68
  - Hedging（断定を避ける）…………………………………… 70
- 論文英語は「不変かつ普遍」ではない ………………………… 71

（片山晶子）

第4章 電子ジャーナルの英語文献の探し方と管理　77

- 文献の探し方 ……………………………………………………… 78
  - 論文の入手方法 ………………………………………………… 78
  - 著者名や論文名がわかっているとき ………………………… 86
    - 著者名がわかっている場合 ………………………………… 86
    - 論文名（タイトル）がわかっている場合 ………………… 86
  - あるテーマの論文を探すとき ………………………………… 87
  - 入手したい論文が有料の場合 ………………………………… 88
- 文献管理 …………………………………………………………… 89
  - インターネット検索で見つけた論文の保存 ………………… 89
  - 紙媒体 …………………………………………………………… 90
  - 文献管理ソフト ………………………………………………… 90
    - 文献ソフト一例 ……………………………………………… 91

（三品由紀子）

第5章　科学論文執筆3つのケース　　97

CASE1　ダイゴさん（生物系） …………………………99
　「読むこと」が研究のスタート ……………………………99
　まずは Method から書く ……………………………………101
　lab notes（実験ノート）は私物ではない …………………101
　査読者も英語が母語ではない ………………………………102

CASE2　タカコさん（化学系） …………………………103
　グループ研究がほとんど ……………………………………104
　実験は Results にしか意味はない …………………………105
　書けないのは「英語だから」じゃない ……………………106

CASE3　リンタロウさん（複合領域） …………………107
　英語は話せるけれどキレイな文が書けない ………………108
　ペーパーレスの論文執筆—複数場所に保存・安全に保存 ………108
　キャプションは力の入れどころ ……………………………109
　読み手を意識してデータを可視化する ……………………111

　　　　　　　　　　　　　　　　　　　　　（片山晶子）

第6章　引用と出典の記載 —執筆上の「不正」をしないために　115

◆ 徹底した「見える」化 ……………………………………116
◆ 学術論文のスタイル ………………………………………117
　番号順かアルファベット順か ………………………………118

文献リストと文中の出典表記の対応―番号順文献リストの例 ･････････････ 119

文献リストと文中の出典表記の対応―アルファベット順文献リストの例 ･･ 120

著者名の重要性 ･･ 122
文献の引用と出典の記載 ･･ 123
引用の三態 ･･ 124
要約（Summary） ･･ 125

書き換え（Paraphrase） ･･･ 127

直接引用（Direct quote）･･ 128

孫引きを避ける ･･ 130

間違いを防ぐための工夫―過って剽窃・盗用をしないために ････････ 130
文献管理 ･･ 131
出典表記（Citation）で失敗しないために ････････････････････････ 132

（片山晶子）

第7章　英語の論文に慣れるために ―何から始めたらよいか　137

英語力が身につく読み方―大量で継続的なインプット ･･･････････････ 138
科学ニュースを読む ･･ 139
ニュースから論文へ ･･ 140
Abstract を読む ･･･ 140

短い科学論文を読む―Letter, Communication など ･････････････ 145

論文以外の学術誌の記事を読む
― Readers' Forum, Commentary, Opinion ････････････････････ 145

英語論文が書けるようになる読み方・ならない読み方 …… 146
- トップ10精読 …… 147
- 輪読精読 …… 148
- 定期精読 …… 148

精読の効用 …… 148
- 簡略化のコツをおぼえる …… 149
- Transitions（つなぎ言葉）をおぼえる …… 149
- 細かく読んで初めてわかるHedgingなどのニュアンス …… 150
- よいタイトル・悪いタイトル …… 150

身近なお手本 …… 151

（片山晶子）

終わりに …… 153

- IMRaD論文をより詳しく …… 47
- 「論文選び」および「どの文献が役に立つか」を判断するテクニック …… 89
- 文献管理ソフト―MendeleyとMy Libraryの使い方 …… 92

論文執筆のためのトピックス

- 01 情報の流れを考慮して読み手に効果的なアピールをする……………山村 公恵 50
- 02 簡潔な文の書き方―関係代名詞を避けるなど…………北田 依利 73
- 03 Method セクションにおける曖昧な表現……………森谷 祥子 94
- 04 I を使わないで書く方法………………………………目黒 沙也香 112
- 05 読者の心をつかむイントロ……………………………林田 祐紀 135

＊本書内で引用している英語論文のマーカー部分はすべて本書筆者によるものです．

執筆者一覧

[編集・執筆]

片山晶子
東京大学教養学部附属グローバルコミュニケーション研究センター
ALESS プログラム特任講師／駒場ライターズスタジオマネージャー

[執筆]

中嶋隆浩
東京大学教養学部附属グローバルコミュニケーション研究センター

三品由紀子
東京大学教養学部附属グローバルコミュニケーション研究センター

[コラム執筆] 東京大学教養学部駒場ライターズスタジオ・チューター

山村公恵
東京大学大学院総合文化研究科言語情報科学専攻

北田依利
東京大学大学院総合文化研究科地域文化研究専攻

森谷祥子
東京大学大学院総合文化研究科言語情報科学専攻

目黒沙也香
東京大学大学院総合文化研究科言語情報科学専攻

林田祐紀
東京大学大学院総合文化研究科言語情報科学専攻

所属は執筆時点のもの

はじめに

　自然科学研究というキャリアの入り口に立っている皆さんにとって，研究生活は大きな憧れである反面，不安に満ちたものでもあるに違いない．特に今までは読むだけだった英語の科学論文を，今度は自分も書かなければならないという事実に直面して，途方に暮れる思いだという人も多数いるのではないだろうか．本書は主として，これから理系の大学院に進学し科学研究を始めようとしている人，あるいは研究を始めたばかりの大学院生を対象としているが，それだけでなく，母語ではない英語で科学論文を書くことに困難を感じているすべての研究者の論文執筆を応援できたら，という思いで書き下ろされた．また，私たち著者はこの本が，多忙な研究活動のかたわら，学部生・学院生の英語論文執筆の指導もしなければならない立場の研究者の皆さんの助けになればと，念じている．

　本書の3人の著者は，執筆当時東京大学学部生の科学論文執筆プログラムで，論文作成あるいは実験の指導にあたっていた教員であり，それぞれが博士号をもち，英語で論文を執筆している研究者でもある．私たちは多くの現役研究者とも学部生とも日常的に接する立ち位置におり，それらの人々のニーズを肌で感じながら仕事をしている．この本は決して小手先のライティングの技術のみを列挙するハウツー本ではなく，著者自身の研究と研究指導の経験，そして周辺の多くの大学院生や研究者の体験談をもとに，母語ではない言語で科学論文を書くということがどのような社会的行為なのかをも伝える本にしたいという思いで執筆された．なぜなら外国語である英語で論文が書けるようになるという出来事は（多くの知的生産作業がそうであるように）英語の知識だけでは解決できない，複雑な要素が絡み合った複合的事象だからだ．

■ ALESS プログラムとは？

ここで，本書の 3 人の著者が指導にあたり，またこの本が生まれるきっかけともなった東京大学 1 年必修の科学英語プログラムの紹介をしよう．東京大学では 2008 年度から ALESS（Active Learning of English for Science Students）という理系 1 年生のための科学英語プログラムが必修となった．将来世界レベルで活躍する研究者となることが期待される学生に，早いうちから英語で研究を発信できる基礎を身につけさせたい，という理系の教員からの強い要望に後押しされて始まったプログラムである．

英語で研究し，発表ができるようになる基礎を作るためには，英語について座って講義を聞く型の授業とは異なったアプローチが求められる．ALESS の教育は，語学教育のメソッドとしては，課題を英語を使って遂行するタスク・ベイスト，英語で教科内容を学ぶ内容重視指導（CBI=Content Based Instruction）あるいは内容言語統合学習（CLIL=Content and Language Integrated Learning）に分類される．履修生は教室では，自然科学または社会科学の研究者で自身も英語で科学教育を受け英語で研究発表をしている教員から，実験の組み立てと英語論文の書き方の基礎を英語で学ぶ．教室外で個々に行った自分の実験に基づいて IMRaD（Introduction Method Results and Discussion）（第 2 章参照）の各セクションを毎週少しずつ書いては，教室で学生同士草稿の読み合いをし，お互いに批評・批判をして，書き直しを繰り返す．そうして書き上げた論文に基づいて，パワーポイントなどのメディアを使って短い研究発表をする．将来研究者となったときに，繰り返し繰り返し通らねばならないプロセスのミニチュア版を経験するのである．教員の言語背景も実際の科学の世界と同様，母語は英語とは限らない．フランス語，スペイン語，ロシア語，タガログ語，日本語など，さまざまな母語でありながら英語で研究活動をしている科学者が，英語教育の FD（Faculty Development，教育力を上げるための教員の研修活動）を積んで ALESS の授業をする．

ALESS プログラムは学習者の自律的学びにフォーカスした Active

Learning（能動的学修）でもある．Active Learning と研究活動には共通点が多い．ALESS プログラムでは授業外の課題として，学習者自身が身の周りの事物や現象からテーマを見つけ，先行研究を探して読んで，危険のない器具や材料を用いてシンプルながらも仮説検証型の実験をデザインし，遂行し，結果を分析し，論文にまとめて教室での口頭発表を準備する．途中で起こる問題は自ら解決しなければならない．ほとんどの 1 年生は，着想の段階からオリジナルな科学実験をするのも，論文執筆・口頭発表を英語でするのもまったく初めてである．そこで英語面と科学面からの学習支援が行われている．

学生は受験英語の知識はあっても英語論文執筆の経験はない．理系の学部生の中には自らを「英語弱者」とよぶ人もいる．理系イコール英語苦手，という思い込みがあるようだ．その上，論文英語は「世界中の誰にとっても外国語」と言っていいほど「決まり事」が多い特殊な言語である（第 3 章参照）．そこで教室外で英語ライティングのサポートが行われている．ALESS プログラムには開始当時から駒場ライターズスタジオ（KWS）というライティングセンターが併設されている．ライティングセンターとは北米の大学を中心に発展してきたライティング支援の施設である．ライティングセンターは添削サービスではない．「書いたものの向上ではなく書き手の向上」をモットーとして，チューターとよばれる支援員が「教養ある読み手」として，どこがわかりにくいか，なぜわかりにくいのか，どうしたら情報が正確に伝わるかなどを，書き手とともに考えるのがライティングセンターの一般的な特徴である．KWS もこの方針に則ってティーチング・アシスタント（TA）として採用されたさまざまな国籍のバイリンガル以上の大学院生が，チューターとして 1 対 1 で ALESS の英語科学論文と格闘する学生の執筆のコーチをしている．各章に配された本書のコラム「論文執筆のためのトピックス」は KWS のベテランチューターが日頃の指導経験に基づいて書いたアドバイスである．

履修生は科学面でのサポートも受けることができる．ALESS プログラムには ALESS Lab とよばれる英語の科目としては世界でもまれな専用の実

験室があり，ここで英語論文の題材となる実験の支援をしている．ALESS Labでは理系諸分野の大学院生 TA が，ライティングセンターと同様にカウンセリングスタイルで相談を受ける．相談のなかで実験のアイデアの問題点を指摘したり，代替案を学生と一緒に考えたりする．また結果の分析の相談も受ける．1年の理系学生にとって，大学院生という「ちょっと先を歩いている先輩」に科学の作法をコーチしてもらうことは科学の世界への刺激的な導入となる．アインシュタインはどんな難しいことでも「6歳の子供に説明できなければ理解したとは言えない」という至言を残しているが，院生にとっても単純な実験を題材に科学の方法論を言葉にして指導することは，研究者として非常に有益な経験となる．ALESS Lab の責任者であった著者の一人は ALESS Lab を「未来の自分から習う」「過去の自分を助ける」場所だと常々言っている．

　私たち著者は，東京大学の ALESS プログラムで教室での指導（三品）・ALESS Lab の責任者（中嶋）・KWS の責任者（片山）という立場で連携しながらかかわってきた．将来そのほとんどが研究者になる東京大学の理科類学部生が，将来世界に向けて自らの研究を発信できるようになるために必要な知識・技術，さらには心構えや態度について日々考えながら教育に携わってきた．本書は著者自身の研究や論文執筆の経験と ALESS プログラムでの教育経験とに基づいた「過去の自分」へのメッセージである．

　3人の執筆者がこの本を著すにあたっては多くの人々が惜しみない支援をしてくださった．本書には ALESS プログラムにかかわってきた歴代の教員，TA，そして履修した学生の「声」が反映されているということをここに記しておきたい．

第 1 章

科学論文とは何か

中嶋隆浩

科学論文にはどこで出会えるか

　本書を手に取ったあなたが研究室配属前の学部生ならば，あなたは非常に幸運であると，まず最初に述べたい．

　あなたは科学論文というものを見たことがあるだろうか．かくいう私自身，科学論文を初めて目にしたのは学部4年生となって研究室へ配属されてからであった．研究室配属後，自分の卒業研究のテーマを与えられて，それに関連する参考文献を入手して読んだとき——それが初めて科学論文を目にした瞬間であった．それまでに触れてきたのは，各科目の教科書や参考書，講談社ブルーバックスのような自然科学系の新書，あるいはせいぜい Newton や日経サイエンスなどの日本の科学雑誌くらいであっただろうか．しかし，もし私がもっと好奇心旺盛で，なおかつ勤勉であったのならば，教科書や科学雑誌などを読んでいるときに科学論文への招待を幾度となく受けているということに気がついていたであろう．なぜならば，それらの各章や記事には必ず巻末に参考文献としていくつかの科学論文が挙げてあったはずだからである．当時ならばそれら参考文献を手に入れるためには，大学内の図書館に行き，書架をぐるぐる巡って見つけ出し，コピーをしなくてはならなかった．しかし，インターネットが普及した現在ならば，ネット上で検索をしてクリックしてダウンロードをするだけで手に入れることができる．

　インターネットということを考えると，現在では次のような機会を通して科学論文と初めての遭遇を果たす人が多いのかもしれない．たとえば Yahoo! のニュースのヘッドラインを見てみよう．科学の話題のニュースがある．面白そうだと思うものをクリックして，各新聞社の記事へ飛び，読んでみよう．

　最後まで目を通すと次のような記述を見つけるだろう．

　——これは，○○大学の研究チームが，○日付けの英科学誌 Nature に発表した——

　そして，しばしばリンクも貼ってある．クリックしてみよう．そう，彼ら

第 1 章　科学論文とは何か

が科学誌（ここでは英国の Nature という雑誌）に発表したこれが，科学論文なのである（第 7 章参照）．

　もしあなたに科学論文を目にした経験がまだなかったとしても，決して気を落とす必要はない．なぜならば，今日までのあなたはまだ科学論文が対象としている「読者」ではなかったからである．教科書や参考書などはもちろんあなたのような大学学部生を読者として書かれている．新書や科学雑誌もあなたのような学部生は想定する読者の中心といってよいであろう．しかし，科学論文の著者が想定している読者は，同業のプロの研究者や科学者，あるいは科学技術に関連する専門家の人々である．まだ研究者になっていない学部学生のあなたは基本的には読者と想定されていない．だから，今日までのあなたが科学論文を読んだことがなくても，それは当然のことと言ってもよいだろう．

　そうは言っても，対象とされてない者が科学論文を読んではいけないということはもちろんない．本書を手に取ったあなたは，きっと科学者・研究者に将来なりたいと思っているのだろう．あるいはそうでなくてもきわめて近い未来に必ず卒業論文のための卒業研究を行うことになる．どれだけ遅くともそのときには，かつての私のように科学論文と出会い，正面から取り組まなくてはならなくなる．つまり科学論文は，理科系のあなたにはいずれどうしたって必要となるものである．しかし，卒業研究を開始するときまでじっと待っている必要はない．むしろ今から背伸びをして，それがどのようなものかを垣間見ておくことは，今後のあなたに非常に役立つに違いない．それが必要となるときに，予め知っているのとそうでないのとでは大きな違いがあることは言うまでもないであろう．これはもしかすると，あなたの人生を左右するほどのことになるかもしれない．だから，私はこう言いたい．本書を手に取ったあなたは幸運であると．本書を読み終えたとき，きっとあなたは科学論文が想定する読者——すなわち科学者や研究者——になるための入口に両足を踏み終え，中に入り始めていることだろう．

科学論文とはどのようなものか

　さて，そのような科学論文の内容や形式などは第2章で詳しく扱うが，まず今現在のあなたは科学論文にどのようなイメージをもっているだろうか？「論文」と聞いてまず最初に頭に思い描くのは入学試験で経験した小論文ではないだろうか．「論文」と名のつくものであなたが実際に書いたことがあるのはおそらくそれであろう．あるいは入学後に学生実験のレポートを書いたことがあるならばそれが科学論文に近いのではないかとも思うかもしれない．たしかにそれらと似ているところはある．しかし，科学論文はこれらとは決定的に異なっている点がある．

　入学試験で経験した小論文では，設問としてテーマを与えられ，資料としてある文章を読み，そしてそれに対しての自分の意見や考えをその論拠とともに論理的に構成して書いていく．科学論文でも読み手に伝わるように論理的に構成していくという点は同じである．しかしその内容は科学研究の成果についてであり，今まで知られていなかった新しい発見や新しいモノの開発についてである．科学論文では科学的な実験結果を一つずつ積み上げて，自分の発見したことを論理的に述べていく．そこにあるのは小論文のような主観的な感想ではなく客観的事実の積み上げである．また，第2章で述べるように科学論文は決まった形式をもっており，その点でも比較的自由な形式である小論文とは異なっている．さらに，一つひとつの文章の長さという点から見ても，意外に思われるかもしれないが実は科学論文はより簡潔な文によって構成されている（第3章 p66　シンプルな文がいい）．

　さて，科学的な実験結果がその内容であるというならば，あなたは学生実験のレポートがまさにそれではないかと思うだろうか？　これは科学論文と同じものだろうか？　たしかに科学論文と学生実験レポートは形式や論理構成という点ではとても似ている．しかし，その報告内容が決定的に異なっているのである．あなたが行った学生実験というのは教科書で学んだ理論や原理を自分の手で確認しながら，今後の研究活動で必要となる基礎的な技術や

データの取り扱い方を学ぶものである．すなわち，新しい発見や新しいモノの開発を行うわけではない．学生実験では，もうすでにわかっている科学的事実を再確認しているのである．それに対して科学論文とは常に，例外なく，新しくオリジナルな研究を報告している．再確認に過ぎない実験報告のみ，という科学論文はないのである．

　このように，科学論文とはあなたが経験したことのある論述物や，おぼろげにイメージしている論文とは異なっている．科学論文とは科学者や研究者が未だ明らかになっていないことを実験によって明らかにして，その研究結果を報告したものである．誰に対して報告しているのかというと，同業の科学者や研究者に対して，つまり科学界に対してである．同業者に対して「自分たちはこのようなことを発見した」と報告するのであるから，その内容は多かれ少なかれ常に世界で初めての新しい研究成果である．「まったく同じことを，以前にほかの人が発表していますよ？」と赤っ恥を指摘されるようなものであるわけがない．

　科学論文はその科学者や研究者にとって単なる報告書類ではない．自身のオリジナルな研究をまとめ上げ，大事に作り上げた作品なのである．これは，芸術家にとっての作品とほとんど同じ意味だと思ってよい．科学者や研究者は自分の発表した科学論文によって他の科学者や研究者から「この人は，この研究を行っている人」と認知される．すなわち科学論文はその科学者や研究者にとって「顔」や「名刺」になるものである．そして科学界に向けて発表された科学論文の一つひとつが，逆に科学界そのものを作り上げていく．他の科学者や研究者が書いた科学論文が自分の研究の参考になったり，新たな研究の発想の源になったりするのである．

 科学者や研究者とはどんな人々か

　それではそもそも科学者や研究者とはどんな人々なのだろうか？　あなたは科学者や研究者とよばれる人々に対してどのようなイメージをもっている

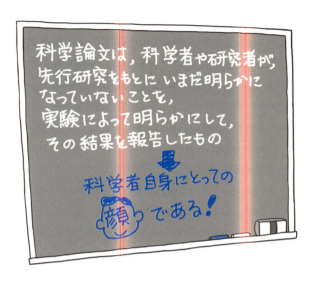

だろうか？　白衣を着て，怪しげな液体の入ったフラスコや試験管を熱心に混ぜては観察しているような，あるいは研究室に閉じこもって実験や計算に日夜没頭しているような，そんなイメージかもしれない．これらはもちろん当たっている．しかし，実は半分しか言い得ていない．このイメージをもう一度頭に思い浮かべてほしい．あなたの頭の中の科学者や研究者は今何をしているところだろうか？　きっと実験をしているだろう．「何を当然のことを？」と思うかもしれない．それではもっと正確に言おう．その科学者や研究者はきっと実験しかしていないだろう．

　まだ，「それの何がおかしいのか？」と思うかもしれない．「科学者や研究者は苦労して実験を重ねて何か新しい発見を目指しているはずだ」その通りである．しかし，何か新しい発見をしてそれで終わりだろうか？　そうではない．もうあなたにはわかっていることだろう．そう，その発見を発表しなくては意味がないのである．そしてその手段が科学論文なのである．つまり，科学者や研究者とは日夜実験をして，そしてその研究成果を科学論文として日夜執筆している人たちなのである．発見は科学論文として科学界に発表しないならば，自分以外の誰にも認知されない．すなわち，発表しないならば

何もやらなかったのと同じなのである．ほかの誰かが発表した科学論文を見て，「自分もこの発見をすでにしていた！　自分もその現象を前から知っている！」と後からいくら叫んでも無駄である．最初に科学論文として発表した人の「作品」であり，「顔」や「名刺」になるのである．したがって，ただ実験が好きなだけではプロの科学者・研究者にはなれない．科学論文を執筆し，発表するまでがプロの科学者・研究者の仕事なのである．

　さて，もう一度最初の質問，「あなたは科学者や研究者とよばれる人々に対して，どのようなイメージをもっているだろうか？」に戻りたい．近年は毎年のように日本人科学者がノーベル賞を受賞している．だからもしかしたらあなたはその記者会見のニュースの画を思い浮かべたかもしれない．ではもう一度そのイメージを思い浮かべてほしい．テレビの画面の中で自身の偉大な発見がノーベル賞を受賞して，晴れがましくも，しかし謙虚な様子で記者会見をしている科学者がいる．さてそこには何人いるであろうか？　もちろんその人一人であろう．日本人科学者が数人同時にノーベル賞を受賞していたとしても，それぞれ一人ひとりの記者会見の画面が思い浮かぶであろう．ここで先ほどの「白衣を着て研究室に閉じこもっている科学者」をもう一度思い浮かべてほしい．さてここには何人いるであろうか？　きっとあなたのイメージのなかで白衣で実験している人物は一人であろう．

　しかし，科学研究というものは決して一人では成り立たないものなのである．そう言うとあなたはおそらくこう思うだろう．たしかにノーベル賞の受賞者は自分と一緒にプロジェクトや実験を行った人たちのことに言及している．恩師や同僚に感謝を述べたりもしている．科学実験を何から何まで独力で行うのはきっと大変であろう．何人かで協力し合うこともあるのだろう．とりわけ大規模なプロジェクトならば，それはなおさらかもしれない．「共同研究」というのも聞いたことがある．なるほど科学研究というのはたった一人ではできないのだと．

　それはたしかにその通りである．しかし私が言っているのはそのことだけなのではない．ノーベル賞受賞者のその偉大な発見は，その人あるいはその人たちのグループだけでは決して成しえなかったのである．

🖊 先行研究のない科学研究はない

　何かアイデアを発想するというときのことを考えてみてほしい．なかなか無から何かを産み出せるものではない．閃きというのは異質と思われる事柄の間に絶妙な組み合わせを見つけて繋げることに等しい．その意味で何かアイデアを思いついたときに，頭の中で電球がピコーンと点灯するイメージというのはかなり適切なのだろう．脳内に膨大な数存在している神経細胞が無数の組み合わせで繋がってネットワークを作っている．この中のある組み合わせの繋がりがたまたま強くなって電流が流れやすくなるとする．そのとき頭の中で2つの事柄の間が繋がるのではないだろうか．すなわち，電球が点灯するのではないだろうか．

　新たな研究を発想するときも同じである．「あ，そうか！　こうしてみよう」と思いつくときはたいてい，先人たちの研究の積み重ねを知った上で，そのなかに絶妙な組み合わせを見つけたときなのである．そして，この研究の積み重ねの実体というのが膨大な数の科学論文の積み重ねにほかならない．科学者や研究者は日々科学論文を読むことでこの知識の集積にアクセスしている．そして自分たちも科学論文を書いて発表することでこの知識の集積の拡大に貢献している．ノーベル賞受賞者といえども自分たちだけで何もないところから偉大な発見を生み出したわけではないのである．他の研究者や科学者たちが営々と築いてきた山の上に，新たな，そして偉大な1歩を積み上げたのである．これら先人たちが積み重ねてきた研究のことを先行研究という．

　2012年のノーベル生理学・医学賞を受賞した山中伸弥博士のiPS細胞（induced pluripotent stem cells：人工多能性幹細胞）を例として見てみよう．iPS細胞も決して何もないところから生み出されたのではない．iPS細胞の発見以前に盛んに研究されていたES細胞（embryonic stem cell；胚性幹細胞）の知識の集積がなければ，その発見には至らなかったのである．

　山中博士が最初に発表したiPS細胞とは，Oct3/4, Sox2, Klf4, c-Mycという4つの遺伝子（Yamanaka factors）によって，分化し終わった体細胞

がES細胞のような分化万能性（pluripotency）をもった細胞へとリプログラミング（初期化）されるというものであった（Takahashi and Yamanaka, 2006）．簡単に言うと，私たちの身体の細胞がたった4つの遺伝子を外から導入するだけで受精卵くらいまで戻ってしまうということである．これは究極の若返りともいえよう．

　さて，この4つの遺伝子は山中博士らが初めて見つけたのだろうか？　そうではない．この4つの遺伝子は2006年当時，すでに発見されていた．特にOct3/4とSox2については，ES細胞の分化万能性を維持するために必要な遺伝子であるということはその分野の研究者たちはよく知っていたのである．それでは体細胞の初期化という現象を山中博士らが初めて見つけたのだろうか？　これもそうではない．たとえば体細胞とES細胞を融合させると，体細胞は初期化されてES細胞のようになるということもすでにわかっていた．すなわち，ES細胞の中にある「何か」が初期化を誘起することはわかっていたのである．山中博士らの発見はこの4つの遺伝子が初期化を誘起するには十分であるということであった．

　「え？　なんだそれだけのこと？」と思うことなかれ．ヒトの遺伝子は2万2千種類ほどあるといわれている．このうち「4種類」の遺伝子が初期化に十分であると予め知っていたとしても，$_{22000}C_4 = 9.76 \times 10^{15}$，すなわち9千兆通りもの組み合わせを調べなくてはならない．それどころか当時はまだ一体何種類の遺伝子が初期化に関与しているかわからないのである．ということは，もし真正面から取り組めば，$\sum_{k=1}^{22000} {}_{22000}C_k \approx 10^{6622}$通りの組み合わせを調べることになる．ちなみに，この宇宙が始まってから現在までは138億年，すなわち約4×10^{17}秒である．ということは，もし1秒に1つの組み合わせを調べることができたとしても，まったく終わりの見えないとんでもなく膨大な数字である．そのような背景を考えるとこの4つの遺伝子だけで十分であったという発見の衝撃度がわかるであろう．だからといって，山中博士らは，10^{6622}通りを試したわけではもちろんない．先人たちの知識の集積，すなわち先行研究の恩恵を受けたからこその発見である．当時，ES細胞の分化万能性を「維持」する遺伝子は，山中博士らのグループも含め世界中で着々

と同定されていっていた．山中博士らは理詰めでそのうちの24個に注目し，そしてそのなかのたった4つの遺伝子が初期化のために十分であるということを世界で初めて発見したのである．このように，山中博士らのiPS細胞の発見も先行研究という先人たちの仕事の土台の上に建っているのである．

巨人の肩の上に立つ

科学論文のなかで研究の背景や先行研究についてはIntroductionのパートで述べられる（第2章 p28）．ここで，iPS細胞の科学論文のIntroductionを見てみよう．ちなみに山中博士のこの科学論文は生命科学分野で有名な雑誌Cellに2006年に発表された（Takahashi and Yamanaka, 2006）．

Somatic cells can be reprogrammed by transferring their nuclear contents into oocytes (Wilmut et al., 1997) or by fusion with ES cells (Cowan et al., 2005; Tada et al., 2001), indicating that unfertilized eggs and ES cells contain factors that can confer totipotency or pluripotency to somatic cells. We hypothesized that the factors that play important roles in the maintenance of ES cell identity also play pivotal roles in the induction of pluripotency in somatic cells.

先ほども述べたように，すでに先行研究としてWilmut博士の研究（卵母細胞への核の移植の研究）とCowan博士や多田博士の研究（体細胞とES細胞の融合の研究）があったことがわかる．そして，それらの研究によって，未受精卵やES細胞のなかに分化万能性の鍵となる因子があると予見されていたこともわかるだろう．References（参考文献）パートを見ると，これらの先行研究自体も他の雑誌に発表された科学論文であることがわかる．

Cowan, C.A., Atienza, J., Melton, D.A., and Eggan, K. (2005). Nuclear reprogramming of somatic cells after fusion with human embryonic stem cells. Science *309*, 1369–73.

Tada, M., Takahama, Y., Abe, K., Nakatsuji, N., and Tada, T.（2001）. Nuclear reprogramming of somatic cells by in vitro hybridization with ES cells. Curr. Biol. *11*, 1553–8.

Wilmut, I., Schnieke, A.E., McWhir, J., Kind, A.J., and Campbell, K.H.（1997）. Viable offspring derived from fetal and adult mammalian cells. Nature *385*, 810–3.

　Cowan博士の科学論文はScience誌，多田博士の科学論文はCurrent Biology誌，そしてWilmut博士の科学論文はNature誌に，それぞれ発表されたことがわかる．

　また，このIntroductionにはもう一つ重要なことが述べられている．山中博士らの仮説である．あなたはすでに気がついてモヤモヤしていたかもしれないが，iPS細胞の発見には論理的なギャップがある．ES細胞の性質の「維持」に重要な遺伝子だからといって，ES細胞の状態までの初期化を「誘起」する遺伝子であるとは限らない．山中博士らも"We hypothesized"と述べている．この点は山中博士らの賭けであった．そしてその賭けに勝利したのである．ここは強調しておきたい．

　さて，Introductionでは引き続きES細胞の分化万能性を維持するために必要な因子は14件の先行研究からすでに知られていることが述べられる（山中博士ら自身が発見していたものも含む）．

　Several transcription factors, including Oct3/4（Nichols et al., 1998; Niwa et al., 2000）, Sox2（Avilion et al., 2003）, and Nanog（Chambers et al., 2003; Mitsui et al., 2003）, function in the maintenance of pluripotency in both early embryos and ES cells. Several genes that are frequently upregulated in tumors, such as Stat3（Matsuda et al., 1999; Niwa et al., 1998）, E-Ras（Takahashi et al., 2003）, c-myc（Cartwright et al., 2005）,

Klf4 (Li et al., 2005), and *β-catenin* (Kielman et al., 2002; Sato et al., 2004), have been shown to contribute to the long-term maintenance of the ES cell phenotype and the rapid proliferation of ES cells in culture. In addition, we have identified several other genes that are specifically expressed in ES cells (Maruyama et al., 2005; Mitsui et al., 2003).

　これら14件の先行研究も，もちろん References パートを見るとそれぞれが科学論文であることがわかる．

　このように，先行研究とはすでに発表された科学論文のことを指す．そして，それら先行研究の科学論文の Introduction にも，やはりそれより前の先行研究が述べられている．その先行研究の科学論文にもさらにその前の先行研究が……というように，ずっとずっと遡ることができる．またその逆に，この iPS 論文はその後に発展を続けている iPS 細胞研究の先行研究となっている．科学研究とはこのようにリンクし合い膨大なネットワークを形作っている．まるで脳内の神経細胞のように網目構造をとっているのである．

　さて，自分の研究について参考となる先行研究を見つけるにはどうしたらよいのだろうか．一昔前ならば，やはり学内の図書館に足繁く通わなければなからなかった．しかし，今ではネット上で検索することができる．科学論文のウェブ検索サイトの一つに，Google Scholar (http://scholar.google.com) というサイトがある．Google の科学論文に特化した検索サイトである．このサイトを開き，検索窓に自分の研究に関連するキーワードを入力すれば，さまざまな科学論文がヒットしてくる．

　この Google scholar の検索窓の下に，"Stand on the shoulders of giants" と書いてあることに気がついただろうか．日本語版の Google Scholar であれば，「巨人の肩の上に立つ」と書いてある．これはどのような意味であろうか？

　微積分法や古典力学を確立した科学者アイザック・ニュートンは，「あなたはどうして未来に通ずる偉大な業績を挙げられたのか？」と問われた際に，「私がほかの誰よりも遠くのほうを見ることができたとするならば，それは

ひとえに背の高い巨人の肩の上に立ったからです」と答えたといわれている．巨人の肩の上に立てば，その巨人よりも遠くを見ることができる．先人たちの積み重ねた発見に基づいて初めて新たに何かを発見することができるという意味である．すなわち，ニュートンでさえも一からすべてを自分一人で考えたわけではなく，先人たちが積み重ねた知の集積という「巨人」があって，初めて自分も何かを発見できたと言っているのである．これは先ほど見た iPS 細胞とその先行研究（たくさんの科学論文からなる）との関係と同じである．だからこそ膨大な数が存在する科学論文を検索するサイト，Google Scholar のトップページに，「巨人の肩の上に立つ」と書いてあるのである．

そして逆に，巨人の肩の上に立って見えたものはそれがどんなに小さなことでも科学界の皆が知るところにしていかなくてはならない．自身が行った研究を巨人の一部として積み上げていくということである．このための手段が科学論文なのである．

自分に見えたものを科学論文として皆に知らせていく．これは科学の世界に生きる科学者や研究者の義務である．なぜならばこの行為こそが連綿と続いていく科学の進歩そのものだからである．

"Stand on the shoulders of giants"

第2章

科学論文の構成

三品由紀子

IMRaD 形式とは

　第 1 章で解説した通り，科学論文には研究者のオリジナルな研究成果を正確に伝える役割がある．科学論文にはさまざまな形式があるが，今では IMRaD といわれる文章構成形式が主として使われている（**1**）．新しい研究の発表や，研究データの紹介の際にはこの形式を使う必要がある．実験の観察や結果を発表すること自体は数百年前から続けられているが，過去には統一した形式はなかった．IMRaD 形式は 1930 年代から使われ始めたと思われるが，それ以前は各自各様の方式，たとえば手紙などの私信で観察内容を伝えることが多かった．しかしその後徐々に形式が整理され，特に 1970 年代に入って標準形式として確立した（Sollaci, 2004)[1]．

　IMRaD への統一により研究成果報告の体系化が進み，それにより他研究者による内容検索が飛躍的に進んだ．**IMRaD とは「イムラッド」と発音し，科学論文の主なセクションの Introduction（I），Method（M），Results（R），and（a）Discussion（D）の各頭文字からなる名称である．**この 4 つのセクションはそれぞれ役割が異なり，それゆえに各論点も異なる．おのおのは客観性と厳密性が追求され，専門用語が多用されている．このような 4 つのセクションが集まり統合されて初めて 1 つの論文の体系が出来上がり，論旨が明確になる．

　Introduction, Method, Results, Discussion とあえて分け，強調する理由は何であろうか．それはこの 4 つが論文執筆者がもっとも重視すべき要素だからである．Introduction では，研究の背景を述べ，なぜこの研究は重要なのかを説明する．Method ではどのような実験を行い，他の論文と異なるどのようなユニークさがあるのかを強調する．実験の結果は Results で明確に示し，もし新発見があればここで強調して表現する．最後の Discussion では実験結果の意味を議論し，将来の研究へと道筋を整える．

　現在では多くの分野で IMRaD 形式が採用されているが，この形式で書かれている限り，比較的長論文でも，また複雑な研究内容でも読みやすく

1 IMRaD 形式：構成の例

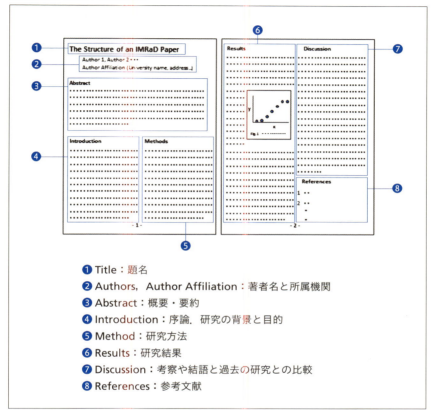

❶ Title：題名
❷ Authors，Author Affiliation：著者名と所属機関
❸ Abstract：概要・要約
❹ Introduction：序論，研究の背景と目的
❺ Method：研究方法
❻ Results：研究結果
❼ Discussion：考察や結語と過去の研究との比較
❽ References：参考文献

なる．特に世界の多くの研究者の注目を集めるためには，Introduction や Discussion を重視すべきである．研究そのものをよりよく理解してもらうための必要不可欠な要素だからだ．実際，IMRaD 形式を用いた研究発表により，学際的な共同研究が急速に推進されたと考えられている．

IMRaD 形式の特徴と他の科学論文形式との違い

科学論文には主として3つの種類があり，Letters（レター・短報）や Review Article（レビュー）など，IMRaD 以外の他形式を用いるものがある．しかし IMRaD 形式の論文は「Research Article（研究論文）」を代表し，一般に科学論文の中心をなすと考えるべきである．IMRaD 形式の論文はもっともテクニカルかつ専門的であり，新しい研究内容を発表する舞台となっている．新たな知識や見解を明確に伝えるためにこの形式が活用されているのだ．分野や注目点にもよるが，通常「研究論文」は数ページから 20 ページ以上と幅広い．IMRaD 形式の論文の呼称は扱うジャーナルにもよるが，やや長めの論文を Research Article，Reports，Original Papers などとよぶこともある．

■ Letters

一方，やや短めの論文は Letters，Short Report，Communications などとよばれる．これらは IMRaD 形式で発表する一般的論文よりも迅速に発表されることが多い．もともとは論文誌（ジャーナル）自体が採用している中心的な形式ではないが，なるべく早く内容を発表したいものを対象としている．一般に最先端な内容は競争も激しく早さを競っており，Letters や Short Report，また Communications 等の短めの論文はそのために使われることが多い．最近ではそれらの多くは，急を要する公表形式として広く認知されている．

たとえば，JACS（Journal of the American Chemical Society）は Communications と Articles を共に発行しているが，"Communications are restricted to reports of unusual urgency, timeliness, significance, and broad interest" と規定している（JACS Author Guidelines）．さらに，FEBS Letters というジャーナルは "The journal for rapid publication of short reports in molecular biosciences" と銘打っている．Letters ではより早く最新研究を発表するため，

第 2 章 科学論文の構成

通常 2, 3 ページと短めである.

　これら論文の発表までの手続きそのものは，一般の IMRaD Article 形式の論文と大きく異なることはないが，公開までの時間は大幅に短縮されている．Letters の論文は Introduction, Method, Results, Discussion としての表題は使っていないが，実際は IMRaD 形式と同じ内容を記述していることがほとんどである（Björk, 2009）[2].

■ Review

　では，Review と IMRaD 形式の論文はどのように違うのか．トピックや学術雑誌による違いはあるが，一般に科学論文としてもっとも長い論文とされているのは Review である．Review とは主に Literature review（文献調査）のことを意味し，最新の研究や考え方・見方，過去の重要な論文，近年もっとも注目されている論文等を取り上げて比較・要約することを目的に書かれたものである．分野の専門家が，ある特定のトピックについての論文をまとめて，さまざまな見方から論評する．最新の情報や研究の経緯を反映させ，将来の研究方向，期待される方向性なども論じる．新たな研究成果は特に重

視されないが，研究内容，実験方法，それぞれの研究意義の違いなど，新たな可能性を客観的に評価することを重視している．

　執筆者本人の研究結果を主に紹介する「研究論文」とは違い，その分野の専門でない人でも読みやすく，概要を把握しやすいように配慮されている．関連論文も多く引用され，わからないところやさらに詳しく知りたいことなどが調べやすくなっている．Review は多くの人に，特に初心者に読むことを勧めたい．

IMRaD 論文の各部分の役割と構成

　IMRaD 形式の論文はジャーナルにより細かい規則は多少異なるが，構造そのものはどの論文でも共通している．研究に直接関係ある部分は主に，Title, Abstract, Introduction, Method, Results, Discussion, References, Acknowledgements の組み合わせで構成されている．以下，それぞれを詳しく見てみる．

■ Title（題名）

　もっとも多く読者の目に触れる部分は Title である．論文には誰もの目を引くような題名をつけるべきである．論文の広告を担うものと考えてもよい重要な部分である．もちろん，ほかにも大事なセクションはあるが，読者は Title から著者の主張を読み取り，論文を読むべきかを判断する．それゆえ論文の内容を明確かつ正確に表現する必要がある．

　Title の基準は各ジャーナルにより異なるので，「一般にこう書けばよい」とは断定できない．ジャーナルによっては「？」などを付した質問系のものや，文を Title とすることが認められることもある．さらに「句」(phrase) として文章の一部を，またもっとも重要な単語を並べたような Title を求めるジャーナルも数多くある．一方，そもそも研究の多くは新奇性があるため，"Novel（新奇）" など一般には Title にはふさわしくない単語も，実際には

使われる例も少なくない．しかし JACS などでは "Novel" のほかにも "First" を Title には使えない単語として制限している（JACS Author Guidelines）．著作にあたっては提出先のジャーナルを決めた時点で，そのジャーナルの論文 Title を見本としてまねるのも一つの手段である．

　ノーベル賞受賞者からの実例では phrase がもっとも多い．いずれにしても短く，魅力的に書くことが大事である．

> **例** Title の実例
>
> ・Appearance of Water Channels in Xenopus Oocytes Expressing Red Cell CHIP28 Protein　　　　　　　　　　　　（Preston et al., 1992）[3]
>
> ・The Structure of the Potassium Channel : Molecular Basis of K$^+$ Conduction and Selectivity　　　　　　　　　（Doyle et al., 1998）[4]
>
> ・Extraction, Purification and Properties of Aequorin, a Bioluminescent Protein from the Luminous Hydromedusan, Aequorea
> 　　　　　　　　　　　　　　　　　　　　（Shimomura et al., 1962）[5]
>
> ・Wavelength Mutations and Posttranslational Autoxidation of Green Fluorescent Protein　　　　　　　　　　　　（Heim et al., 1994）[6]
>
> ・Induction of Pluripotent Stem Cells from Mouse Embryonic and Adult Fibroblast Cultures by Defined Factors
> 　　　　　　　　　　　　　　　　　（Takahashi and Yamanaka, 2006）[7]
>
> ・Metalorganic Vapor Phase Epitaxial Growth of a High Quality GaN Film Using an AlN Buffer Layer　　　　　（Amano et al., 1986）[8]
>
> ・Dynamical Model of Elementary Particles Based on an Analogy with Superconductivity　　　　　　　　（Nambu and Jona-Lasinio, 1961）[9]

■ Abstract（アブスト；要約）

　Abstractには論文の要点を簡潔に説明する役割がある．すべての論文にAbstractがあるとは限らないが，一見して内容を伝えることができるので多くの論文で採用されている．通常，読者はこの部分を見て論文全体を読むかどうかを判断する．Abstractは，Titleの次によく読まれる論文の重要な部分といえる．

　Abstractは論文全体の概要であるが，実際にはミニ論文と考えたほうがよいかもしれない．Abstractには論文各セクションの一部が少しずつ含まれていて，極端に言えば，ここは論文全体から独立した部分でもある．Abstractがなくても論文は成立するし，Abstract単体でも論文の全体の主張や全体像をつかめるように，研究の背景・目的，研究方法，結果，そして結論までが要約としてまとめられている．

　Abstractには，各セクションのトピックセンテンス（主題）を1点から3点程度もってくれば十分である．気をつける点は研究の重要性，実験の概要，主な結果と一番重要な結論を含めることである．なるべく読みやすくするためには，詳しい内容をAbstractに書かないほうがよい．逆に，興味をもってもらうためには簡単明瞭に書き，多くの読者に研究の概要をわかりやすく伝えることだ．もっとも重要な内容だけ100〜300語くらいで過不足なく記述する．Abstractは単体でも論文の内容がわかるように書くため，最後に書くとよい．これはまた，すべてのセクションを書き終えてから新たに論文全体の主張したいことを考えるよい機会にもなる（次の例では文字色でIMRaDの各セクションを分けている）．

Abstract内のミニ論文—2つの例

例 iPS論文

> Differentiated cells can be reprogrammed to an embryonic-like state by transfer of nuclear contents into oocytes or by fusion with embryonic stem (ES) cells. Little is known about factors that induce

this reprogramming. Here, we demonstrate induction of pluripotent stem cells from mouse embryonic or adult fibroblasts by introducing four factors, Oct3/4, Sox2, c-Myc, and Klf4, under ES cell culture conditions. Unexpectedly, Nanog was dispensable. These cells, which we designated iPS (induced pluripotent stem) cells, exhibit the morphology and growth properties of ES cells and express ES cell marker genes. Subcutaneous transplantation of iPS cells into nude mice resulted in tumors containing a variety of tissues from all three germ layers. Following injection into blastocysts, iPS cells contributed to mouse embryonic development. These data demonstrate that pluripotent stem cells can be directly generated from fibroblast cultures by the addition of only a few defined factors. (Takahashi and Yamanaka, 2006)[7]

例 アクアポリン

Water rapidly crosses the plasma membrane of red blood cells (RBCs) and renal tubules through specialized channels. Although selective for water, the molecular structure of these channels is unknown. The CHIP28 protein is an abundant integral membrane protein in mammalian RBCs and renal proximal tubules and belongs to a family of membrane proteins with unknown functions. Oocytes from *Xenopus laevis* microinjected with in vitro-transcribed CHIP28 RNA exhibited increased osmotic water permeability; this was reversibly inhibited by mercuric chloride, a known inhibitor of water channels. Therefore it is likely that CHIP28 is a functional unit of membrane water channels.

(Preston et al., 1992)[3]

実は，Abstract は論文のためにのみ書かれるものではない．学会での口頭発表やポスター発表などは，Title と Abstract だけ学術雑誌に載せられ，

実際に発表したことの証明に使われている．また一般に，インターネット検索で学術論文を無料で読むことができるのは通常 Abstract までで，IMRaD で詳述された論文の本体は読めないことが多い．もちろん，最近はオープンアクセス（open access）の学術雑誌などがあり，査読つきでも誰もが無料で閲覧ができるものもある．

　事物の名称を Abstract に書くとき，LED のようにイニシャルだけを使うことの多い名前には注意が必要である．正式名称を論文の本文で使用するときには，1 回目は略さずフルネームを書き，その後にカッコで略語を light emitting diode（LED）のように書く．2 回目以降は LED など省略形を使う．ただしジャーナルによっては「Abstract では略語を使わない」，「Abstract で略しても論文内でもう一度フルネームと略語を使う」，「論文で 3 回以上略語を使わない場合は，毎回フルネームで書く」などの決まりがある．そのときは提出するジャーナルの指示に従うことになる．また一般的に使われていない略語などは，論文を読みづらくするのでなるべく控えることが望ましい．

■ Introduction（イントロ；基礎知識と研究の位置づけ）

　Introduction には，論文で発表されている研究内容の「位置づけ」をする役割がある．Introduction では，研究概要を紹介し，研究する問題，問題の背景，研究を行う理由や論拠などについて明確に述べる．Introduction は Abstract がない場合や，どのような研究が行われたのか理解したいときにまず読まれることが多いので，どのような背景のもとで研究を進めたのかをしっかり伝える．研究の重要性を主張する役割があるが，そのためには対象分野の主な研究の要約と，代表的論文を引用して研究の位置づけを明確にしなければならない．関連する研究を説明しながら，当該論文がすでに発表済み論文とどう違うのかを代表論文を引用しながら説明する．代表的な関連論文を上手に選びながら書けば，分野外の多くの人にも理解と興味をもってもらえる可能性が大きくなる．

　研究背景（Background），研究目的（Objective）は必ず記述されるが，場合によっては研究方法（Methodology），さらになぜその方法を選択したか

等を書くとよい．Introductionでは次の質問に応えるように書く．

- 何を研究したのか
- この研究はなぜ，重要なのか
- 研究を進める前の状況はどのようなものであったか
- この研究によって何かが変わるか，または何がわかるか

　Introductionはなるべく能動態の文で書く．その構造は逆三角とよくいわれ，まずトピックや分野の説明を最初に書く．内容は一般的な情報や幅広いトピックの紹介を中心にする．より大勢の人にかかわる情報やわかりやすい知識などが最初に書いてあれば，突然専門用語を使った難しい内容より馴染みやすいからである．それから徐々に，その分野のなかでの具体的なトピックを書く．数行目までにキーワードなどを使うと，読者に研究の焦点を早めに印象づけることができ，研究の重要性（読み手の興味の中心）を説明しやすくなる．次に研究内容の位置づけを書く（あとでDiscussionでさらに詳しく研究結果を述べ，同時に研究の重要性を書く）．最後に研究目的と理論的根拠を述べる（**2**）．過去の実験と比較して，今回の研究の利点を強調するのもよい方法である．

　Introductionは論文のトピックを紹介するためのものなので，始めの部分は短く書くと効果的である．次になぜそのトピックが重要であるかをわかりやすく説明する．

Introductionの実例

例 Introductionの出だし・トピックの重要性

> Potassium ions diffuse rapidly across cell membranes through proteins called K$^+$ channels. This movement underlies many fundamental biological processes, including electrical signaling in the nervous system. (Doyle et al., 1998)[4]

2 Introduction：逆三角の構造

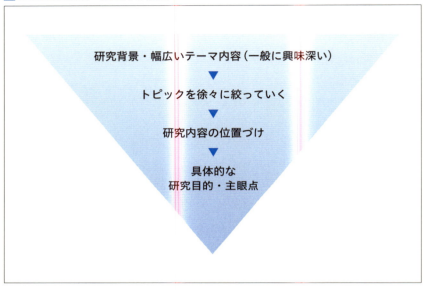

次にトピックを詳細に記述する．

> Potassium channels use diverse mechanisms of gating (the processes by which the pore opens and closes), but they all exhibit very similar ion permeability characteristics (1). All K^+ channels show a selectivity sequence of $K^+ \approx Rb^+ > Cs^+$, whereas permeability for the smallest alkali metal ions Na^+ and Li^+ is immeasurably low. Potassium is at least 10,000 times more permeant than Na^+, a feature that is essential to the function of K^+ channels. Potassium channels also share a constellation of permeability characteristics that is indicative of a multi-ion conduction mechanism: The flux of ions in one direction shows high-order coupling to flux in the opposite direction, and ionic mixtures result in anomalous

> conduction behavior (2). Because of these properties, K⁺ channels are classified as "long pore channels," invoking the notion that multiple ions queue inside a long, narrow pore in single file. In addition, the pores of all K⁺ channels can be blocked by tetraethylammonium (TEA) ions (3). (Doyle et al., 1998)[4]

Introduction の終わりには This paper suggests a new approach…など研究の内容と，最後に Conclusions を1つか2つ書くのもよい．

Introduction の締めくくり2つの例

> In this study, we examined whether these factors could induce pluripotency in somatic cells. By combining four selected factors, we were able to generate pluripotent cells, which we call induced pluripotent stem (iPS) cells, directly from mouse embryonic or adult fibroblast cultures. (Takahashi and Yamanaka, 2006)[7]

また内容によってははっきりと研究結果を書かないほうが効果的な場合もある．下の例のように，今までわからなかったことを述べ，この論文でこれに答えようとするなど，読者の興味をそそる書き方もある．

> …major questions about GFP itself remain. What is the mechanism of fluorophore formation? How does fluorescence relate to protein structure? Can its fluorescence properties be tailored and improved-in particular, to provide a second distinguishable color for comparison of independent proteins and gene expression events? This study provides initial answers. (Heim et al., 1994)[6]

■ Method（研究方法，手法）

　Methodでは，実験がどのような条件で行われているのかを伝える．ジャーナルによって Materials and Methods，Research Procedure，Protocol，Experimental Methods など名称が異なることもあるが，その役割は同じである．Methodでは研究が正規の手順によってなされ，結果に信頼性があることを示す．Method は Introduction で簡単に説明した研究方法をより詳しく書き，読み手に実験内容を詳細に理解させる役割を果たす．

　さらに Method は，読んだ誰もが実験を再現させることができるように書く必要がある．使用する器具や具体的な手法を料理のレシピのように記述し，誰でも同じ実験が繰り返せるように詳しく説明をしなければならない．再現性があって初めて多くの研究者により理論モデルとして使われる．再現性の調査は科学的プロセスの一部であり，発表される論文でも再現実験の重要性は常に伴う．

　このように Method は研究内容の評価に使われ，知識や技能が必要な研究では信頼性を得るための役割を果たす．また Method で書かれている実験器具や方法論などで，実験にかかわる歴史的背景が明らかになる．実験が行われた時代の道具や技術を見直し，異なった新たな方法で同じ結果を得ることができるかを調べることも重要である．次々と新しい実験器具や方法論が出てくるため，実験に関係するすべてを詳細に記録することが必要である．研究方法の将来的改善という意味で Method は極めて重要なセクションといえる．

　Method には他部分に比べ，独特な書き方がある．Introduction と違って，文章は過去形を使い，「I」や「We」などの一人称を使わずに記述する．したがって Introduction と Method の間で書き方が変わり，論文の筆者が変わったような印象をもたれることがある．その意味で IMRaD 形式は，セクションごとに文体が異なる複合型論文であるといえる．

　Method に関しては曖昧さをなくし，簡明に説明をすればよいので，「料理のレシピ」のようなスタイルで書くことを勧めたい．Method をみれば誰にでも同じ実験ができるように書くとはいうものの，IMRaD 論文で

Methodは一番専門的なセクションとして位置づけられてもいる．同じ分野を専門とする多くの人や，同様の実験をしている人が注意深く読む．したがって，実験の正確性をアピールしながら詳しく丁寧に書くが，専門用語などはあえて使わなくてもよいセクションである．以下，やや詳しく内容を見てみる．

Materials

特にMaterialsとMethodが分かれている場合，まずはどのように材料を調達したかを明記する必要がある．たとえばどこから材料を購入したのか，またはどのように自分で作ったのかなど，実験の手順（Procedure/Protocol）の説明に先立ちMaterialsの説明をする．化学薬品や生物体など，製品の詳しい情報，定量的な情報が必要となる（たとえば販売会社，量，扱い方や準備の仕方など）．供給元も明記する．さらに，実験を行った部屋や環境の温度，湿度，時間なども実験の結果に影響があるようなことはすべて詳しく述べる．

Procedure/Protocol（研究方法・実験方法）

次にExperimental Designについて説明する．実験の計画は過去形で明確に記述する．一般的には時間的順序に沿って並べるとわかりやすい．記述すべき内容は「どのようなテクニックや方法を用いたか」，また「読者が同じ研究を反復できるよう十分な情報を提供しているか」である．特に前例のない新しい方法を取り入れた場合は詳細な説明が必要になる．一方，新しい方法でなければ採用した方法の名称と，変更した点に関する記述を行い，同時にその方法を用いた研究についてすでに発表されている論文を引用文献として明記する．記録したデータのタイプや観察・実験の回数，誤差の計算方法なども書く．

例 Method の文章はやや長いが，すべてが重要

> The rate and total amount of light emission were measured, usually at room temperature (24 to 25ºC), by means of a photomultiplier-amplifier with Sanborn automatic recorder, in terms of "Light Units" (L.U.), one L.U. being arbitrarily defined as the integrated amount of light that would give one tenth a full scale deflection on the recorder with the amplifier gain set at 1×10^{-5} coulombs. (Shimomura et al., 1962)[5]

例

> Purified GFP (100mg, $A_{400nm}/A_{280nm} = 1.0$) was first denatured by heating at 90ºC for 1 min, then digested with 14 mg of papain (Sigma, Type III) in 80ml of 0.75 M NaCl, pH 6.5, containing 1 mM EDTA, 60 mg of cysteine and 1 mg of 2-mercaptoethanol, at 35ºC for 3 h.
> (Shimomura, 1979)[10]

■ Results（研究結果）

　Results では，どのような背景で実験が行われ，どのような結果が得られたかを記述する．ここまでのセクションで，Introduction ではトピックの内容が説明されており，何がわかっていて何がわかっていないかはすでに読み手に伝わっている．さらに，Method では実験の手順も述べている．Results では論文の目的や役割を明確にして，その上でデータの詳細説明をする．読者にとって興味深いセクションである．データの一般的傾向は説明していても，まだその解釈については説明しない．これは Discussion（ディスカッション）にまで取っておく．

　Results では，研究結果を2通りで提示する．まずはデータを紹介するが，表にするか図（チャート，グラフ）にするかデータの種類によって表し方が変わってくる．表と図のどちらが効果的かをよく検討してみる．ここで気をつけなければならないことは，データは「ただの数，計測した数値」だけで

はないことだ．データには特別な意味が含まれている．その詳しい解析はDiscussion で詳しく書くことになるが，データの表し方により解釈の仕方が変わるので，注意が必要である．Results では研究から得られた主要な結果のみを示すことになる．したがって必要データの選択が重要になる．

■ Figure

　図や表にまとめたデータを次は言葉で表現する．論理的な順序に従って述べなければならないが，図の順に説明していく必要もある．図や表で紹介するにしても重要度においてメリハリをつけ，ここがもっとも重要なポイントであると，一部のデータに重点を置くことも考慮する．さらにまた，論文で取り上げなかったその他の観測記録なども考慮に入れなければならない．記述表現では過去に発表された論文と異なる結果や予想の結果を強調することができる．図や表を引用しながら適切に解析していくことが必要である．

例 論文中の図の引用

> Papain digestion of *Aequorea* GFP yielded a peptide that contained the chromophore of GFP. This peptide exhibited characteristic absorption spectra (fig.1), and was the only product that absorbed above 300nm.
>
> (Shimomura, 1979)[10]

例 論文中の表の引用

> When the CHIP28 RNA injected oocytes were incubated first with HgCl$_2$ and then with β-mercaptoethanol, inhibition was reversed, and the oocytes swelled and ruptured. These reagents did not alter osmotic water permeability in control-injected oocytes (Table. 1).
>
> (Preston et al., 1992)[3]

Figure（フィギュア・図）について

　一般的に論文を読む順は Title，次に Abstract の傾向にあることをすでに述べた．多くの研究者はその後，Figure（図）を見て論文の内容を把握する．論文を実際に読まなくても，実験概要はデータだけを見てどのような実験器具を使ったか，その方法，また大まかな結論などがわかる．そのため，Figure の色使いや並べ方など細かい提示方法が重要になる．実験を終え，論文を書く準備に入るときに，Figure から考えていくことを勧めたい．すべてのデータを論文に含めることは不可能である．もちろん，Raw Data（未処理データ）をそのままでは含めないことは言うまでもない．データは論文に多数のせるのがよいとは言えない．少なめでもインパクトがあるほうがむしろ効果的である．まず論文を書き出す段階で，時間をかけて Figure を通してストーリー（物語）を作り上げていくことが大事である．

　Figure 構成での注意点は 2 つある．第 1 に実験を行った順番に Figure を並べる必要はない．重要な情報をなるべく興味がわくように，また理解しやすく，あたかもストーリーを語るように Figure を描くとよい．第 2 に Figure を作っている時点で追加実験の必要性を検討することである．追加実験が必要と気がつく可能性は高く，またレビュー後に新たな実験を要求されることも少なくない．論文を書く段階でも，追加あるいは新しい実験をすることがよくあることを認識する必要がある．

　読者にとってもっともわかりやすい論文にするには，どのようにデータを並べ，Figure を紹介するかを検討することが必要だ．そのためには Figure を 1 つの絵として考え，紙芝居のように Figure だけを読者にみせるとしたら，どのような物語（説明するためのストーリー）が効果的であるかを考える．Figure やデータの少しの変更でストーリーは変わる．それが追加実験を繰り返したり，また新たな実験を行うことに繋がるのはよくあることだ．

3 Figure：記述表現の例 1

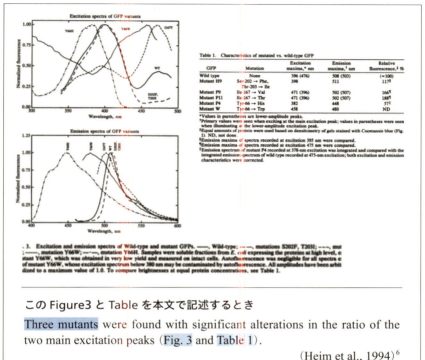

このFigure3とTableを本文で記述するとき

Three mutants were found with significant alterations in the ratio of the two main excitation peaks (Fig. 3 and Table 1).

(Heim et al., 1994)[6]

3 はTableとFigureについての記述の例である．図と表では5つのミュータントを示しているが，言語での記述では重要である3つのことのみを記載している．

4 もまたFigureのなかから重要な点だけを記述している例である．**3** と同様に，Figure 3B，3Cのデータについて書いている文章は1行のみとなっている．図や表で示しているデータは注目すべきところに目を向けてもらうためのものである．

4 Figure：記述表現の例 2

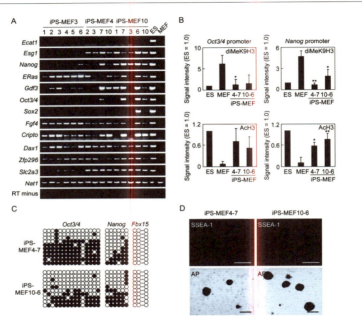

Figure 3. … (B) The promoters of *Oct3/4* and *Nanog* were analyzed by ChIP for dimethylation status of lysine 9 of histone H3 and acetylation status of histone H3 in ES cells, MEFs, and iPS cells (MEF4-7 and MEF10-6). Data were quantified by real-time PCR. Shown are the averages and standard deviations of relative values compared to ES cells (n = 3). *p < 0.05 ; **p < 0.01 compared to MEFs. (C) The promoters of *Oct3/4*, *Nanog*, and *Fbx15* were analyzed with bisulfite genomic sequencing for DNA methylation status in iPS-MEF4-7 and iPS-MEF10-6. The DNA methylation status of these promoters in ES cells and MEFs is shown in Figure 1F.

論文中でこの Figure3 を説明するとき

Chromatin immunoprecipitation analyses showed that the promoters of *Oct3/4* and *Nanog* had increased acetylation of histone H3 and decreased dimethylation of lysine 9 of histone H3 (Figure 3B). CpG dinucleotides in these promoters remained partially methylated in iPS cells (Figure 3C).

(Takahashi and Yamanaka, 2006)[7]

■ Discussion（結果の傾向や意味）

　Discussion では，Results で紹介したデータの傾向や結果の意味を伝える．各データの意味や意義を説明しながら，そのデータは他の研究者の報告と整合しているかについても述べる．この際，論理の飛躍に気をつけて結論を導き出すことが重要である．さらに気をつける点は，研究には［絶対］はないので，言葉としては控えめに表現する必要がある．その場合，suggest や may, might などを使用して「このような傾向があるのでは」と提案しながら書くとよい（第3章 p70 Hedging）．

 控えめな表現の実例

> [Results…] This suggests that either some of the CHIP28 protein expressed in oocytes may be trapped within intracellular compartments, the organization of CHIP28 in oocyte extracellular membranes may be suboptimal, regulatory factors may be required, or the oocyte cytoskeleton may impede more rapid swelling. 　　(Preston et al., 1992)[3]

> iPS clones overexpressed the four factors when RNA levels were analyzed, but their protein levels were comparable to those in ES cells (Figures 7A and 7B；Figure S8), suggesting that the iPS clones possess a mechanism (or mechanisms) that tightly regulates the protein levels of the four factors. We speculate that high amounts of the four factors are required in the initial stage of iPS cell generation, but, once they acquire ES cell-like status, too much of the factors are detrimental for self-renewal. 　　(Takahashi and Yamanaka, 2006)[7]

例

> Klf4 has been shown to repress *p53* directly (Rowland et al., 2005), and p53 protein has been shown to suppress *Nanog* during ES cell

> differentiation (Lin et al., 2004). We found that iPS cells showed levels of p53 protein lower than those in MEFs (Figure 7A). Thus, Klf4 might contribute to activation of *Nanog* and other ES cell-specific genes through *p53* repression. Alternatively, Klf4 might function as an inhibitor of Myc-induced apoptosis through the repression of *p53* in our system (Zindy et al., 1998).　　　　　(Takahashi and Yamanaka, 2006)[7]

> Based on the evidence described above, the structure of the chromophore of *Aequorea* GFP is proposed as B (fig.2).　　　　　(Shimomura, 1979)[10]

　Resultsでは比較的簡単に実験結果をまとめるが，重要な部分に関してはここでまた説明するとよい．実験結果としてのデータがIntroductionで述べた問題点や研究目的とどう関係しているか，またIntroductionとResultsがどのように結びついているかを説明することが望ましい．研究の重要性を伝えるためには，常に幅広く解説することを心がけるとよい．

　また，"One explanation for [the result]…" "There are several other possibilities for the [result] (Takahashi and Yamanaka, 2006)"（iPS論文例）のように書くのもよい方法である．

　結論を書いた後は再度，表やグラフを見直し，最終解釈に繋がっているのかを確認する．また論文を書いているその瞬間でも，新たな考え方や結果の解釈が出てくる可能性もあることに注意すべきである．

　他の研究者が発表した結果や考え方と異なる結論に達する場合には，先に発表された研究結果と解説を尊重した上で，なぜ意見が異なっているかを丁寧に説明するとよい．他の研究発表と異なる結果や解説をするときは，いくら結論に自信があっても，WatsonとClickのDNA構造の論文のようにやや控えめに書くのが一般的である．

第 2 章　科学論文の構成

例　控えめに他研究者との結果の違いを説明する実例

> A structure for nucleic acid has already been proposed by Pauling and Corey. […] In our opinion, this structure is unsatisfactory for two reasons：(1) We believe that […]
> We wish to put forward a radically different structure for the salt of deoxyribose nucleic acid.　　　　　　　　　（Watson and Crick, 1953）[11]

　Discussion の最後に包括的かつ具体的な結論（Summary や Conclusions）を示して，IMRaD 形式論文での話をまとめる．Conclusions は独立した項目になることもある．ここでは Method，Results，それに Discussion の要約を簡易に書く．データの繰り返しは必要ない．重要なことは，もっとも大事なことを印象的に書くことだ．Introduction で紹介したトピックに結びつけながら，この論文で紹介した結果で科学知識がどのように進歩するのかをアピールすべきである．新しくわかったことや発見したこと，また寄与した

ことなどトピック内で注目すべきポイントを書くのがコツである．どのような利用や拡張の可能性があるかの将来性を示し，これからの実験方向を述べるのも効果的と思われる．研究者としてアイディアとデータを確保しつつ，研究の魅力や重要性を広くアピールすることが必要である．しかし論文に直接かかわる「将来の実験」の提案をする場合は，具体的にデータを取って次の論文が書ける状態であるときのみに限るべきだ．

■ References（参考文献）

　References は論文で扱えなかった関連実験や，自分の論文をより深く読んでもらうために必要な知識に関する情報を提供する．当論文にかかわっている文献をリストアップし，わかりやすくまとめたものである．IMRaD のセクションで引用や参考にした文献を citation（サイテーション）とよぶ．引用部分は単に数字や記号で表示するが，論文の最後に References セクションを設け，詳しく引用元を書く．References 内の文献リストの順番は，アルファベット順や論文での紹介の順になるが，ジャーナルによって異なるので注意が必要である．またジャーナル名の略し方，符号やカッコの有無なども微妙に違う（第 6 章 p117　学術論文のスタイル）．そのため，第 4 章で紹介するように Endnote や Reference Manager 等を使って論文を管理する方法が用意されている．文中に引用文献を記入すると自動的に投稿書式に編集され，投稿先を変更するときには書式だけを自動的に変更することができるので時間の短縮が可能である．

例　Science 誌の引用表記

> Transfected cells expressing fluorescent proteins *(1)* contain information that is accurate at the molecular level about the spatial organization of the target proteins to which they are bound. However, the best resolution that can be obtained by diffraction limited conventional optical techniques is coarser than the molecular level by two orders of magnitude. Great progress has been made with superresolution methods

that penetrate beyond this limit, such as near field (2), stimulated emission depletion (3), structured illumination (4, 5), and reversible saturable optical fluorescence transitions microscopy (6), but the goal remains a fluorescence technique capable of achieving resolution closer to the molecular scale. (Betzig et al., 2006)[12]

例　Cell 誌の引用表記

Several genes that are frequently upregulated in tumors, such as *Stat3* (Matsuda et al., 1999 ; Niwa et al., 1998), *E-Ras* (Takahashi et al., 2003), c-*myc* (Cartwright et al., 2005), *Klf4* (Li et al., 2005), and β-*catenin* (Kielman et al., 2002 ; Sato et al., 2004), have been shown to contribute to the long-term maintenance of the ES cell phenotype and the rapid proliferation of ES cells in culture. In addition, we have identified several other genes that are specifically expressed in ES cells (Maruyama et al., 2005 ; Mitsui et al., 2003).

(Takahashi and Yamanaka, 2006)[7]

例　FEBS Letters 誌の引用表記

In the bioluminescence of the jellyfish *Aequorea*, the green fluorescent protein (GFP) plays the role of the light emitter [1]. The energy needed for the emission of light is produced in the Ca^{2+}-triggered reaction of the photoprotein aequorin [2] that coexists with GFP in the photogenic organ of the jellyfish. The energy is then transferred to GFP molecules by the Föster-type mechanism [1]. The excited state of GFP thus formed ultimately dissipates the energy in the form of green light (λ_{max} 509nm). In the absence of GFP, aequorin emits blue light (λ_{max} 470nm) [1].

(Shimomura, 1979)[5]

> **例** Science 誌の参考文献の表記

（論文での引用順：名前の頭文字，苗字，ジャーナル名，ボリューム［巻］，最初の頁番号，出版年）
1. J. Lippincott-Schwartz, G. H. Patterson, *Science* **300**, 87（2003）.
2. E. Betzig, J. K. Trautman, *Science* **257**, 189（1992）.
3. K. I. Willig, S. O. Rizzoli, V. Westphal, R. Jahn, S. W. Hell, *Nature* **440**, 935（2006）.
4. M. G. L. Gustafsson, *J. Microsc*. **198**, 82（2000）.

（Betzig et al., 2006）[12]

> **例** Cell 誌の参考文献の表記

（筆頭著者の苗字のローマ字順：苗字，名前の頭文字，出版年，タイトル名，ジャーナル名，ボリューム［巻］，頁番号）

Adhikary, S., and Eilers, M.（2005）. Transcriptional regulation and transformation by Myc proteins. Nat. Rev. Mol. Cell Biol. *6*, 635–645.

Avilion, A. A., Nicolis, S .K., Pevny, L.H., Perez, L., Vivian, N., and Lovell- Badge, R.（2003）. Multipotent cell lineages in early mouse development depend on SOX2 function. Genes Dev. *17*, 126–140.

Baudino, T.A., McKay, C., Pendeville-Samain, H., Nilsson, J.A., Maclean, K.H., White, E.L., Davis, A.C., Ihle, J.N., and Cleveland, J.L.（2002）. c-Myc is essential for vasculogenesis and angiogenesis during development and tumor progression. Genes Dev. *16*, 2530–2543.

Boyer, L.A., Lee, T. I., Cole, M.F., Johnstone, S.E., Levine, S. S., Zucker, J.P., Guenther, M.G., Kumar, R.M., Murray, H.L., Jenner, R.G., et al.（2005）. Core transcriptional regulatory circuitry in human embryonic stem cells. Cell *122*, 947–956.

（Takahashi and Yamanaka, 2006）[7]

> **例** FEBS Letters 誌の参考文献の表記

(論文での引用順：苗字，名前の頭文字，出版年，タイトル，ジャーナル名，ボリューム［巻］，頁番号)
Cell は出版年の後に終止符があるが，よく似ている構成の FEBS Letters ではない．
[1] Morise, H., Shimomura, O., Johnson, F.H. and Winant, J.（1974）Biochemisty 13, 2656–2662.
[2] Johnson, F. H. and Shimomura, O.（1978）in: Methods in Enzymology vol. 57（DeLuca, M. A., ed）271–291, Academic Press, New York.
[3] Morin, J. G. and Hastings, J. W.（1971）J. Cell. Physiol. 77, 313–318.
[4] Ward, W. W. and Cormier, M. J.（1979）J. Biol. Chem. 254, 781–788.
(Shimomura, 1979)[5]

References
1. Sollaci, L. B., Pereira, M. G. The introduction, methods, results, and discussion (IMRAD) structure : a fifty-year survey. J Med Libr Assoc. 2004 ; 92 (3) : 364-7.
2. Björk, B-C., Roos, A., Lauri, M. Scientific journal publishing : yearly volume and open access availability. Information Research. 2009 ; 14 (1).
3. Preston, G. M., Carroll, T. P., Guggino, W. B., Agre, P. Appearance of water channels in Xenopus oocytes expressing red cell CHIP28 protein. Science. 1992 ; 256 (5055) : 385-7.
4. Doyle, D. A., Morais Cabral, J., Pfuetzner, R. A., Kuo, A., Gulbis, J. M., Cohen, S. L., Chait, B. T., MacKinnon, R. The structure of the potassium channel : molecular basis of K+ conduction and selectivity. Science. 1998 ; 280 (5360) : 69-77.
5. Shimomura, O., Johnson, F. H., Saiga, Y. Extraction, purification and properties of aequorin, a bioluminescent protein from the luminous hydromedusan, aequorea. Journal of Cellular and Comparative Physiology. 1962 ; 59 (3) : 223-39.
6. Heim, R., Prasher, D. C., Tsien, R. Y. Wavelength mutations and posttranslational autoxidation of green fluorescent protein. Proc Natl Acad Sci U S A. 1994 ; 91 (26) : 12501-04.
7. Takahashi, K., Yamanaka, S. Induction of pluripotent stem cells from mouse embryonic and adult fibroblast cultures by defined factors. Cell. 2006 ; 126 (4) : 663-76.
8. Amano, H., Sawaki, N., Akasaki, I., Toyoda, Y. Metalorganic vapor phase epitaxial growth of a high quality GaN film using an AlN buffer layer. Appl. Phys. Lett. 1986 ; 48 : 353.
9. Nambu, Y., Jona-Lasinio, G. Dynamical model of elementary particles based on an analogy with superconductivity. I. Phys. Rev. 1961 ; 122 : 345.
10. Shimomura, H. Shikwa Gakuho. 1979 ; 79 (1) : 179-214.
11. Watson, J. D., Crick, F. H. C. A structure for. deoxyribose nucleic acid. Nature. 1953 ; 171 (4356) : 737-8.
12. Betzig, E., Patterson, G. H., Sougrat, R., Lindwasser, O. W., Olenych, S., Bonifacino, J. S., Davidson, M. W., Lippincott-Schwartz, J., Hess, H. F. Imaging intracellular fluorescent proteins at nanometer resolution. Science. 2006 : 313 (5793) : 1642-5.

IMRaD 論文をより詳しく

科学論文には研究内容には直接関係がないが重要な情報が含まれている．

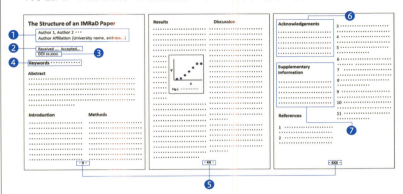

❶ **Authors, Author Information**；著者名と所属機関．フルネーム（ミドルネーム）を ＊＋＃等の記号や特殊文字を使って区別をつける．

> **例**
>
> ROGER HEIM*, DOUGLAS C. PRASHER†, AND ROGER Y. TSIEN*‡
> *Howard Hughes Medical Institute, University of California, San Diego, La Jolla, CA 92093-0647；and† U.S. Dept. of Agriculture, Animal and Plant Health Inspection Service, Otis Methods Development Center, Otis Air National Guard Base, MA 02542
> ‡ To whom reprint requests should be addressed. (Heim et al., 1994)

First author　　　；筆頭著者．論文の内容にもっとも貢献した人物．
Second author~；第 2 著者～．実験にかかわった人．
Last author　　　；Corresponding author でもある．著者の代表で論文の責任者．大学では研究室の教授．

❷ **Received /Accepted**；Received は投稿後，エディターが論文を受け取った日．その後，レビュアーの審査を通り，論文が最終的に受理された日が accepted on になる．各ジャーナルでこのプロセスが早かったり，遅かったりする．一般に，実際に論文が発表されるまではさらに時間がかかる．この日付はライバルとの競争の場合に大事である．どの研究者が初めに発見したか，誰が発明したかなどの時間に関係する争いは多く，証拠として重要になる．

❸ **DOI**；digital object identifier．科学論文に限らず，インターネット上のドキュメントに与えられる識別子．インターネットの URL と違って，DOI は変わらないので論文を永続的に特定することが可能．

❹ **Keywords**；論文でもっとも重要な単語．検索するときに使うもっとも重要な単語．PubMed や sciencedirect などでデータベースを検索したときにヒット（検索結果が一致）しやすくする単語．

❺ **ページ番号**；ジャーナルの本来の意味は雑誌であって，インターネットが広く使われる前は図書館などに置かれているのが通常であった．ジャーナルにより異なるが，多くは毎週刊行されている．インターネットでは In advance of print (Science), Advance Online Publication (Nature) など発行前にネット上で公表されるが，ページ番号は印刷されたときの番号である．

Conflict of Interest；利益相反．

❻ **Acknowledgements**；研究を支援してくれた人の名前を挙げる．科学研究費など研究費の支援を受けた場合は，ここに記載することが多い．

> 例
>
> We are grateful to Tomoko Ichisaka for preparation of mice and Mitsuyo Maeda and Yoshinobu Toda for histological analyses. We thank Megumi Kumazaki, Mirei Murakami, Masayoshi Maruyama, and Noriko Tsubooka for technical assistance ; Masato Nakagawa, Keisuke Okita, and Koji Shimozaki for scientific comments ; and Yumi Ohuchi for administrative assistance. We also thank Dr. Robert Farese, Jr. for RF8 ES cells and Dr. Toshio Kitamura for the Plat-E cells and pMX retroviral vectors. This work was supported in part by research grants from the Ministry of Education, Culture, Sports, Science and Technology of Japan to S.Y. This work is also supported in part by the Takeda Science Foundation, the Osaka Cancer Research Foundation, the Inamori Foundation, the Mitsubishi Pharma Research Foundation, and the Sankyo Foundation of Life Science and by a Grant-in-Aid from the Japan Medical Association to S.Y. K.T. was supported by a fellowship from the Japan Society for the Promotion of Science.
>
> (Takahashi and Yamanaka, 2006)

❼ Supplementary Materials/ Supporting Information；補足資料．論文には図表数が決められている場合が多いので，本文に乗せられない分をここで記述する．最近はインターネットで動画や写真，3D 画像・モデルなども含められる．

> 例
>
> Supplemental Data include 12 figures and 9 tables and can be found with this article online at http://www.cell.com/cgi/content/full/126/4/663/DC1/.　　　　　　　　　　　　　　(Takahashi and Yamanaka, 2006)

> 例
>
> Supporting Online Material
> www.sciencemag.org/cgi/content/full/1127344/DC1
> Materials and Methods
> Figs. S1 to S10
> Table S1
> Movie S1
> References
>
> 　　　　　　　　　　　　　　　　　　　　　　　　(Betzig et al., 2006)

column 01 情報の流れを考慮して読み手に効果的なアピールをする

山村 公恵

　科学の世界において論文を学術雑誌で発表することは，多数の研究者とのコミュニケーションの一形態だ．英語で論文を発表することにより，日本のみならず，海外の研究者とのコミュニケーションが可能となる．

　文章でのコミュニケーションの場合は，対面での場合とは異なり，相手の理解や反応を見ながら説明することができない．そのため，文章を書く際には顔の見えない相手を意識したちょっとした工夫が必要となる．この顔の見えない相手に対する意識が文章の情報の流れを考えること，つまり，読み手に対して効果的にアピールできるように情報の順番や説明の仕方を戦略的に考えるということだ．

　指南書では，情報の流れについては「時間」「空間」「重要性」「一般事項から特定事項」「既知のものから未知のものへ」「what から how へ」を考慮して書くとよいと助言している[1]．

　しかし，理屈ではわかっていても，実際に情報の流れを考えることは単純ではない．これらの要素を複合的に考えなければならないからだ．さらに，英語についても注意を払わねばならないことから，事態はいっそう複雑である．

　1966 年の『日本物理学会会誌』21 巻において物理学者 Anthony Leggett は「(日本語母語話者の英語論文では) 段落や論文すべてを読み終わらないと内容が理解できないという問題が見くみられる[2]」と指摘した (筆者訳)．情報の順序は日本語が母語の研究者には共通の問題であるようだ．そこで，以下の単純な予備実験のリポートの例文を用いて，この Leggett が指摘した問題について考えてみたい．

1) The chocolate on aluminum foil melted faster in the sun than the chocolate on a ceramic plate in the sun. However, the condition in which the experiment was conducted was not well-controlled; furthermore, the sample size was too small. If more chocolate pieces were used under different conditions, the results might change. Further research will be necessary to add more data. However, the study at least implies that aluminum foil has high thermal conductivity.

　この例文を日本語にすると情報の順序についてはそれほど違和感はない．

——日当りのよい場所でアルミホイルの上に置かれたチョコレートのほうが，日当りのよい場所で陶製の皿の上に置かれたチョコレートよりも早く溶けた．しかし，この実験では条件が十分制御されておらず，また標本数も不十分である．より多くのチョコレート片を異なった条件下で溶かした場合，結果は異なるかもしれない．さらなる研究によりデータが追加される必要がある．しかし，少なくとも結論づけられることは，アルミホイルは高い伝導率をもっているということだ．

1) の1文目の The chocolate on aluminum foil melted faster in the sun than the chocolate on a ceramic plate in the sun. は，チョコレートの変化を条件ごとに比較して説明している．しかし，この文章全体がどういう役割をもっているのか，この時点では情報が提示されていない．読み手がこの文章全体の意図が理解できるのは，研究の結論にあたる However, the study at least implies that aluminum foil has high thermal conductivity. を読んだ時点である．つまり，研究で一番重要な部分が段落全体を読み終わらないとわからない構造となっているのだ．

2) The present study shows that a piece of chocolate on a piece of aluminum foil in the sun melts faster than those on a plate in the sun and on a plate out of the sun. The findings in the study suggest that aluminum foil has higher thermal conductivity than ceramics. However, the condition in which the experiment was conducted is very limited. The results may change if more chocolate pieces are used under different conditions. Any further research will reveal more facts about that.

これに対して，2) では，the present study shows のように主語と動詞を用いてそれ以下の現象はこの実験が示したのだ，と明示している．これにより，英語ら

column 01　情報の流れを考慮して読み手に効果的なアピールをする

しい文章になるというだけでなく，そのあとに続く内容について読み手に前もって予測してもらえる．また，結論に当たる aluminum foil has higher thermal conductivity than ceramics の文を段落の上部に出すことで，重要な主張であることを読み手に早い段階で印象づける．さらに，その文頭には，The findings（明らかになったこと）という主語を置くことで，読み手の注意を引くことができる．

　ここにいたる以前に，頭の中で考えた概念を言語化することも簡単な作業ではない．情報の流れに留意して「顔の見えない相手」である読み手にわかってもらうよう工夫する作業は，それを日本語でするか英語でするかあまり関係はない[3]．とりあえずは言語にこだわらずに思いついたことを書き出すことも一つの対応策だ．必要情報を出し尽くしたところで，前述の情報の順番を「読者は科学者である」ということを考慮して整理をすれば，科学者に早く的確に理解をしてもらうために，科学論文の一般慣習にならって一番重要な主張を段落の上部にもってくることができるはずだ（第3章 p61　Paragraph が書けますか）．

　研究の世界では，論文発表を通したコミュニケーションは将来のキャリアにかかわる重大問題だ．情報の流れを戦略的に考えて読み手に効果的なアピールをすることで明るい未来を引き寄せたい．

● 文献
1) 日本工業英語協会．工業英検1級対策．東京：日本工業英語協会；1986.
2) Leggett, A. J. Notes on the writing of scientific English for Japanese Physicists. 日本物理学会会誌 1966；21(11)：790-805.
3) トム・ガリー．英語のあや．東京：研究社；2010.

第 3 章

科学論文の英語

片山晶子

本章ではこれから初めて英語で論文を書く理系学生・院生が知っておくべき「科学論文で使われる英語の特徴」の基本を紹介しよう．
　序文でも述べた通り，「科学論文が書けるようになる」ということは，単に正しい文法を学んだり，知っている単語数を増やしたりする言語習得だけではなく，科学研究をする研究者のコミュニティのメンバーになるということである．科学のコミュニティのメンバーになるためには，コミュニティ特有の慣習をマスターしなければいけない．「母語ではない英語で研究論文を書く」ということは世界中の科学者の大多数が日常的に行っている慣習である．
　そうは言っても英語は，いざ使うとなると話すにしても書くにしても，多くの日本人にとってストレスの元になる．英語が障壁となってしまって，よい研究をたくさんしているのに，学術誌への発表が極端に少ない研究者もいるのではないだろうか．すでに国際的なジャーナルに出版論文がいくつもある科学者でさえ「日本語で読んで日本語で書けたらどんなに楽かと思いますよ」とぼやくこともある．
　理系の学生や院生のなかには中学・高校では英語という科目が嫌いだった人も多いかもしれない．大学院で日々研究をするだけでも十分大変なのに，この上，論文を母語でない言語で書くことは，とても負担が大きく初めは苦痛に感じるのが当たり前である．科学論文の英語は確かに語彙が一見難しそうだし，学校英語では習わなかった決まり事がたくさんある．
　「母語ではない英語で研究論文を書く」ことは「科学のコミュニティの慣習」である，と述べたが，社会慣習は本を読んだだけで習得することは困難である．慣習を身につけるためには必ず「参加すること」が必要である．しかし，初めから「想像の英語の壁」にひるんで参加を見送ってしまっては残念である．果敢に英語論文の執筆に取り組むことによって「研究を発信する」という科学のコミュニティの非常に重要な慣習をできるだけ早く身につけるために，この章で紹介する科学論文英語の目的，性質，そして決まり事を理解することが役に立つと考える．

論文英語は英米語ではなく国際語である

　まず英語での科学論文の執筆で忘れてならないのは，「読み手は誰か」，その読み手に「何をわかってほしいのか」ということを常にイメージしながら書くということである．「クラブの部員全員にメールで練習場所への道順を連絡しなければならない」という状況を想像してみてほしい．このメールを書くときには，書き手の頭のなかには「読み手が誰なのか」，そして「その読み手がこのメールで得るべき知識は何なのか」がはっきりしている．英語で科学論文を書くときも，誰に対して書いているのか，何を理解してもらわなければならないかを書き手である皆さんは常に意識のなかに入れておくことが大切である．

　理系の学生や院生のなかには，実際のコミュニケーションのために英語を書いたことがあまりないという人も多いかもしれない．「自分の書いた拙い英語をネイティブスピーカーがわかってくれるだろうか」という不安を耳にすることもある．ここでこれから自分が書く科学論文の「読み手」を具体的に想像してみてほしい．第1章で紹介した通り科学のコミュニティでは英語が現在のところ共通語となっているが，これは英語母語話者が科学者の大多数だという意味ではまったくない．皆さんがこれから書く英語論文の読者も，多くは実は皆さんと似たような「英語を母語としない人」なのである．このことは科学論文と他のジャンルの英語とを隔てる大きな特徴なので，肝に銘じる必要がある．世界的な権威のある総合科学誌Natureの投稿規定にはReadability（読みやすさ）という項目があり，次のような指示がされている．

> *Nature* is an international journal covering all the sciences. Contributions should therefore be written clearly and simply so that they are accessible to readers in other disciplines and to readers for whom English is not their first language.[1]

皆さんはやがて大学院での研究論文を学術誌に投稿し始めるだろう．皆さんのような日本人研究者グループの投稿論文を査読するのがフィンランド人とスリランカ人と日本人の研究者，書き手にも読み手にも英語のネイティブスピーカーは1人もいない，というようなことが現実に多々ありうる．このような母語を異にする読み手に対して英語で論文を書くという状況で，上記のように読み手に書き手が伝えたいことが，（e-mailで部活の練習場所を連絡するように）効率よく的確に伝わるために，いったいどのような言葉でどのように書いたらいいのか，というのが英語ネイティブ，ノン・ネイティブを問わず国際レベルの研究をするすべての科学者の課題なのである．

　英語を母語としない人同士がコミュニケーションするために共通言語として使う英語のことを English as a lingua franca（ELF）とよんでいる．科学論文の英語もこのELFに属すると考えられる．

　「論文の英語はすべての人にとって第2言語」とよく言われている．科学論文に使われる英語はELFであるだけでなく，科学というコミュニティの言語でもある．科学のコミュニティには，たとえば青果市場やジャズプレーヤー仲間の符丁のような，メンバー同士のコミュニケーションの目的のために長い間に作り上げられた独特の言語慣習が数多くある．コミュニティ言語の習得はたまたま英語が母語である大学院生にとっても必ずしも容易なことではない．

　科学論文の目的は研究が「正確に」「明確に」「無駄なく」「もれなく」報告されることである．母語話者でない者同士が齟齬なく意志疎通ができるELFであって，しかも科学のコミュニティ独特の言語となると，科学論文の英語には高校の教科書で読んだ小説の英語や，ネットにあるブログの英語などとはだいぶ異なる慣習や決まり事がたくさん必要になる．

　次に，科学論文の英語の特徴についてマクロからマイクロ—全体の構成，Paragraph，文の特徴，単語の特徴—の順に基礎的な解説をしていこう．

IMRaD でやるべきこと・やってはいけないこと

　前章で典型的科学論文を IMRaD に分けてそれぞれ解説したが，そこで紹介された Introduction, Method, Results, Discussion という構成は，現在では少なくともデータを分析する実証研究をリポートする論文ではほぼユニバーサルといってよいだろう．ノーベル賞をとった山中伸弥博士の歴史を変えるような研究でも皆さんが大学院で最初にする研究でも，書くときには同じ IMRaD の 4 部構成となる．第 2 章で学んだように，各セクションで必ず述べなければいけないパーツもだいたい決まっている．

　前章でも述べられているように，19 世紀ごろまでは科学論文の書き手も読み手も，地域的にも限られた小さなコミュニティに属していたので，論文の言語もさまざま，書き方のスタイルもまちまちであった．しかし 20 世紀に入ると，交通や通信の発達と共に科学のコミュニティは急速にグローバル化し，協力をするにも競争をするにも，情報は早く効率よくシェアしなければならないという必要性が高まった．その結果，言語の統一と同時に型の統一が必然的に求められ，科学研究の報告は「英語」で，しかも「IMRaD」というのがグローバルスタンダードとなった．

　IMRaD にはさまざまな利点がある．そしてこの利点は，世界の大半を占める英語を母語としない科学者にとっては外国語で科学する負担をおおいに和らげてくれる福音である．「科学論文は IMRaD で書かれている」ということが常識になっているので，どこに何が書いてあるか情報が見つけやすい．また，それぞれの科学者が自分の目的にあった論文の読み方ができる．科学論文を実際に読むときに，高校の教科書を昔ながらのやり方で読むように，辞書を片手にすみからすみまで一語一語理解しながら読む（精読する）ことはまれである．論文を読み慣れた熟練の科学者は，たいてい自分なりの「読み方」をもっている．「僕は Introduction は読むけど，あとはグラフとか表しか詳しくは見ないです」「まず Results のところのグラフとか数字を見て，Introduction の最後の Hypothesis（仮説）だけ確認して，それか

ら先に Discussion 読んじゃいますね」というように（第5章参照）．さらに，IMRaD のおかげで論文を読む時間がかなり短縮できる．研究の過程で実験をデザインする前に大量の先行研究を読まなければならない．研究者にとって論文を早く読めるということは非常に大切である．型の決まった文献はそうでない文献よりずっと予測・憶測がしやすく，早く読んでも誤解をすることが少ない．

しかし IMRaD の型がこれだけ浸透し，読み手がその定型性，予測可能性を完全に信頼しているだけに，書き手がその「掟」を破ると読み手には大きな負担となり，ただ読みにくいだけではなく誤解を生む原因にもなる．以下 IMRaD の型に関して初心者の論文によく見られる問題点を挙げる．

■ Introduction に無駄なことを書きすぎる

Introduction にはこれから読む研究の目的，方法，仮説を簡潔に紹介し読者がスムーズに内容を理解できるよう準備させる役割がある（コラム「読者の心をつかむイントロ」〈p135〉）．ところがこのテーマがいかに大切かを強調したいあまりに，これから報告しようとしている研究とは直接関係のない前置きを長く書きすぎる論文が見受けられる．また，短くても読者にとって当たり前の，わざわざ書く必要のない文も避けたい．Introduction の書き出しとして，次の2つの文を比較してみよう．

(A) Deforestation is an important issue because forest land has been decreasing in the history of mankind.

(B) It is estimated that the world has already lost approximately 1.8 billion hectares of forest land by 2010.　　　　　　(United Nations, 2012)[2]

長さもほぼ同じで，どちらも事実であるが情報量の多さは後者のほうが優っている．(B) は乱伐の問題を数的データのみによって示しているが，ほとんどの読者には森林の喪失が深刻な問題だということは自ずと伝わる．

これに対し（A）は "important" という主観的表現に裏づけがなく，漠然としていて根拠は不明確．科学論文には「なくてもよい文」である．

■ Method を時系列にそって書かない・時制が不統一

　Method のセクションはよく料理のレシピにたとえられる通り（第2章 p32 Method），読み手がこの実験をやろうとしたときに，確実に再現ができるよう必要な情報を簡潔かつ正確に伝えるのが目的である．他のセクションより描写的で単純なため，論文執筆時に Method から書き始める科学者は多い．また実験手順を正確に報告するために実験をしながら Method をだいたい書いてしまうという人もいる．多くの実験系の研究者は詳細かつ正確な実験ノート（lab notes）をとっておき，それに基づいて Method セクションを書くようだ（第5章参照）．初心者の書いた Method で気になるのは時制の不統一である．科学論文はあくまですでに終わった実験の報告であるから，その実験のなかで「したこと」「起こったこと」の時制は基本的にすべて過去である．

　また再現が目的の文章であるから，時系列にそって順序を決してくずさないことも重要である．ときおり初心者の書いた Method のセクションに By the way というような表現で，手順とは関係のないことをはさんでしまっている例をみるが，避けるべきである．

　時系列の手順を書くときに欠かせないのは接続詞や接続句である．Next, Following that process, Then, Finally などの時系列を表す接続詞・接続句はマスターする必要がある．接続詞・接続句はまったく使わないと流れが悪く読みにくいが，使いすぎで不自然に見える場合も多くある．すべてのステップを接続詞や接続表現で結ぶ必要はない．

　Method のセクションは全部受け身型で書くと決めている研究者もいるようだが，すべての文が受け身型だと文章が平板になり，印象が薄くなる．昨今では科学論文の大半は共著である．分野にもよるが Method のセクションには受動態と We 主語の能動態の文が適宜混ざっているものが多い．

> Cells that migrated out of the graft pieces were transferred to new plates (passage 2) and maintained in DMEM containing 10% FBS. We used TTFs at passage 3 for iPS cell induction.
> (Takayashi and Yamanaka, 2006)[3]

　受け身ではなく I や We でもなく This experiment や The present test, The treatment in this project などの無生物主語も有用である（コラム「I を使わないで書く方法」〈p112〉）．

> The inner and outer colours for a given object were selected from the set of red, green, violet and blue with the constraint that the inner and outer colours were always different from each other. The simple feature conditions of this experiment used either the large squares presented alone or the small squares presented alone. (Luck and Vogel, 1997)[4]

　Method のセクションを書く場合のその他の注意点は，コラム「Method セクションにおける曖昧な表現」（p94）も参照してほしい．

■ Results は Discussion の準備

　Results のセクションでは主役はグラフや表である．同じ分野の研究をしている読者のなかには「ほかの研究者の論文を読むときはまず Results を読む（見る）」という人もいる重要なセクションである．しかし，よくある問題点は Table（表）や Figure とよばれる写真，図，グラフだけをみせて，説明（分析ではない）をほとんど書いていない，または Table や Figure を逐一説明しているため，読みづらく不必要に長い Results も初心者の論文には多い．では何を説明したらよいのだろうか．これは一般的には Discussion 次第ということになる．後の Discussion で分析し，考察を加えるものは

必ず Results のセクションで描写をしておくべきである．分野によっては Results のセクションの写真や図（Figure）につけるキャプションにかなり詳細な描写的説明をつける場合もある．いずれにせよ Results のセクションでは次に続く論文のハイライトである Discussion のセクションで何が取り上げられるのか読者に心の準備をしてもらわなければいけない．

■ Results は描写・Discussion は考察

　もう一つの問題点は Results のセクションで Discussion を始めてしまうことである．Discussion が混ざった Results のセクションはどれが事実でどれが考察なのかが不明瞭になり，誤解を生みやすい．分析と考察は次の Discussion に譲り，Results ではすっきりと事実の描写のみにとどめるべきである．特に科学論文初心者のうちは「Results は描写」「Discussion は考察」の住み分けに注意しながら書くことが大切である．

■ Discussion が Introduction と呼応していない

　IMRaD が読みやすいのはこの研究で発せられている「問い」とその「答え」が見つけやすいからである．Introduction で何がこの研究の「問い」であり実験の仮説は何なのか述べたら，Discussion では設定した問いは何だったかを再度確認して，はっきりとその問いに答えなければいけない．また仮説が肯定されたのか否定されたのかも明示する必要がある．特に初めて論文を書くときには，この基本は強く意識して論文全体の一貫性を保つ必要がある．

Paragraph が書けますか

　続いて，IMRaD の各セクションの次に小さい「情報の単位」である Paragraph について考えてみよう．英語の Paragraph は日本語の段落に相当するものだと漠然と考えている人もいるかもしれないが，論文英語の Paragraph は日本語の「段落」よりずっと画一的な型や展開がある．英語の

Paragraphを書くときにおさえておかなければならないもっとも重要なポイントは次の2点である．

1. 必ず Topic sentence を入れる（ほとんどは Paragraph の最初の文）
2. Topic 以外のことを書かない

　英語論文の指導で昔から母語話者，非母語話者を問わず学生によくいわれる"Tell what you are going to say. Say it. Tell what you have said."という格言が科学論文の Paragraph の展開にもあてはまる．Topic sentence では通常これからこの Paragraph で「何」を「どのように」伝えたいかを予告する．次の例に挙げる Paragraph の Topic sentence（最初の文）に注目してほしい．これから展開される比較的長い Paragraph の Topic が "the low frequency of iPS cell derivation" すなわち「iPS 細胞の誘導頻度が低いこと」であることがすぐわかる．そして "There are several other possibilities …" という書き出しから，おそらく possibilities（可能性）の列挙が続くだろうと，読む前から予測ができる．

例

> There are several other possibilities for the low frequency of iPS cell derivation. First, the levels of the four factors required for generation of pluripotent cells may have narrow ranges, and only a small portion of cells expressing all four of the factors at the right levels can acquire ES cell-like properties. Consistent with this idea, a mere 50% increase or decrease in Oct3/4 proteins induces differentiation of ES cells (Niwa et al., 2000). iPS clones overexpressed the four factors when RNA levels were analyzed, but their protein levels were comparable to those in ES cells (Figures 7A and 7B；Figure S8), suggesting that the iPS clones possess a mechanism (or mechanisms) that tightly regulates the protein levels of the four factors. We speculate that high amounts of the four

factors are required in the initial stage of iPS cell generation, but, once they acquire ES cell-like status, too much of the factors are detrimental for self-renewal. Only a small portion of transduced cells show such appropriate transgene expression. Second, generation of pluripotent cells may require additional chromosomal alterations, which take place spontaneously during culture or are induced by some of the four factors. Although the iPS-TTFgfp4 clones had largely normal karyotypes (Figure 7D), we cannot rule out the existence of minor chromosomal alterations. Sitespecific retroviral insertion may also play a role. Southern blot analyses showed that each iPS clone has_20 retroviral integrations (Figure 7C). Some of these may have caused silencing or fusion with endogenous genes. Further studies will be required to determine the origin of iPS cells. (Takahashi and Yamanaka, 2006)[3]

Paragraphの展開は列挙のほかにも比較，例示，詳細の提示，時系列での説明など多々ある．いずれもTopicだけでなくParagraphの展開が予測できるようなTopic sentenceがよく用いられる．

以上のような基本ルールを習っても，実際に論文を書いてみると日本人執筆者はTopicを後出しにする傾向が見られる．もし上のParagraphが次のように書かれていたらどうだろうか．情報の量や中身はまったく同じであるが，ただでさえわりに長いParagraphのTopicが最後の最後に示されると，読み手の理解は遅くなり誤解も生じやすくなる．

例 前述の例をTopicがParagraphの終わりのほうに示される形に筆者が改変したもの

The levels of the four factors required for generation of pluripotent cells may have narrow ranges, and only a small portion of cells expressing all four of the factors at the right levels can acquire ES cell-like properties. Consistent with this idea, a mere 50% increase or decrease in Oct3/4 proteins induces differentiation of ES cells (Niwa et al., 2000). iPS

> clones overexpressed the four factors when RNA levels were analyzed, but their protein levels were comparable to those in ES cells (Figures 7A and 7B ; Figure S8), suggesting that the iPS clones possess a mechanism (or mechanisms) that tightly regulates the protein levels of the four factors. We speculate that high amounts of the four factors are required in the initial stage of iPS cell generation, but, once they acquire ES cell-like status, too much of the factors are detrimental for self-renewal. Only a small portion of transduced cells show such appropriate transgene expression. Also, generation of pluripotent cells may require additional chromosomal alterations, which take place spontaneously during culture or are induced by some of the four factors. Although the iPS-TTFgfp4 clones had largely normal karyotypes (Figure 7D), we cannot rule out the existence of minor chromosomal alterations. Sitespecific retroviral insertion may also play a role. Southern blot analyses showed that each iPS clone has_20 retroviral integrations (Figure 7C). These are also the possibilities for the low frequency of iPS cell derivation. Some of these may have caused silencing or fusion with endogenous genes. Further studies will be required to determine the origin of iPS cells.

　また論文執筆に慣れていないと，1つのParagraphについ2つ以上のTopicを混ぜて書いてしまうことも多い．書いていて1つのParagraphがあまり長くなりすぎたら，横道にそれていないか，ほかのTopicに話がとんでいないか検討するべきである．

　英語論文を書くことにかなり習熟したベテランの日本人科学者でも，「書いたあと読み直して，よくカット＆ペーストで文の順番を変えます．どうしても大事なことを後に書いてしまうくせがあるので」とか「Paragraphはあとから組み直しますね．どこかで割らないとどうしても長くなっちゃって」と言うのを耳にする．情報の出し方の順は母語の一般的な慣行，受けた教育，個人の好みなどのいろいろな要因で違いが大きい．日本語で文章

を書くのが得意な人ほど，英語のParagraph展開に初めのうちは違和感を覚えるかもしれない．しかし繰り返しになるが，文学などとは異なり「解釈の違い」が許されない科学論文を書くにあたっては，書き方に安定した「型」があるのは（たとえ習得するまで多少の時間や手間がかかっても）非母語話者の書き手読み手には結局は福音である（わかりやすい情報の順番については，コラム「情報の流れを考慮して読み手に効果的なアピールをする」〈p50〉）．

シンプルな文がいい

次に Paragraph を構成する単位である文（Sentence）の書き方における一般的な注意点について考えてみよう．科学論文なのだから 1 文は長く情報満載のほうがアカデミックでよい，というような印象をもっている人も多いようだが，果たしてそうだろうか．無論情報は十分に読者に提供しなければいけないが，いたずらに長い文は情報の関連が不明確になりやすいので，むしろ構成が単純で短く読み間違えようのない文のほうが，書き手，読み手とも非母語話者が大多数の科学論文ではリスクが少ないといえる．

次の 2 文を比較してみよう．

(A) Next we consider another interesting model of CP violation, which is a 6-plete model in which 6-plet that includes charges ($Q, Q, Q, Q\text{-}1, Q\text{-}1, Q\text{-}1, Q\text{-}1$) is decomposed into SU_{weak} (2) multiples; that is, 2+2+2 for left components and 1+1+1+1+1+1 for right components.

(B) Next we consider a 6-plete model, another interesting model of CP violation. Suppose that 6-plet with charges ($Q, Q, Q, Q\text{-}1, Q\text{-}1, Q\text{-}1, Q\text{-}1$) is decomposed into SU_{weak} (2) multiples as 2+2+2 and 1+1+1+1+1+1 for left and right components, respectively.

(Kobayashi and Maskawa, 1973)[5]

どちらも情報量はほぼ同じであるが，関係代名詞を多用して 1 文にすべての情報を詰め込んだ (A) と比べてシンプルな文型で 2 文に分けて書いた (B) はすっきりとわかりやすい．(B) は 1973 年に Progress of Theoretical Physics 誌に掲載された Kobayashi and Maskawa の論文から「CP 対称性の破れ」の「6 元モデル」の可能性を述べた箇所を原文のまま引用したもので

あり，まさしくこの部分でノーベル賞を受賞したともいわれる有名な一節である．この論文は全体を通して単文が多く，構成の複雑な長い文は非常に少ない．抽象的な説明や込み入った描写が多くなりがちな科学論文，特に理論科学では，単純な文型ですっきりと説明をすることが望ましい（コラム「簡潔な文の書き方」〈p73〉）．

 絶対に誤解されないための単語や表現

　次に，さらに小さい論文英語の単位，単語や句の使い方について考えてみたい．科学論文では，書き手が意味していることと読み手が理解したことが一致するということがとても重要なので，解釈によって書き手と読み手の理解にギャップができることを徹底的に排除しなければならない．そのために必要な語の使い方について基礎的なことをいくつか指摘しよう．

■ 定義を明確にする

　論文のなかで重要な事物の名称や概念は，有名で頻繁に使われるものほど，人によって微妙な理解の違いが起こるリスクがある．特にその研究にとって重要な用語や概念は，論文の著者がその論文の文脈のなかで，どういう意味でその言葉を使っているのか，その語が最初に出てきたときに定義をしておく必要がある．そうすることによって読者の頭の中で意味がぶれることを防げる．母語を異にする多くの科学者に発信をしていることに配慮し，安易に「誰でも知っているはず」と思わず，キーワードの定義は丁寧にすることが望ましい．次の1文は carcinogen（発がん物質）に関するかなり初期の論文の Introduction に出てきた定義である．

By carcinogen, we mean a substance capable of producing malignant tumours when applied in adequate dose to a susceptible tissue.

(Salaman and Roe, 1953)[6]

carcinogen は一般的にも非常によく使われるようになった言葉ではあるが，だからこそ読者と筆者の間に意味のずれが生じないよう，今日でも必要があれば Introduction の部分でこの例と同じようなスタイルで定義されている．

■ 多義語・慣用句を避ける

　読者の理解の揺れやぶれを防ぎ，解釈の余地を残さないために心がけるべきことの一つとして，できるだけ意味の少ない単語を選ぶということが挙げられる．これは英語に限ったことではないが，意味の少ない語というのは，日常会話で使うことはわりに少ない．「やさしい」という語は会話ではよく使われる．話し言葉では意味はその場の状況や，会話の前後関係から判断される．一方「容易」「簡便」「温厚」「親切」という語は，発信者と受信者が同じ場所にいない「書き言葉」に，より多く見られる．意味を的確に表す機能は「やさしい」より高いが，このような語の選択の特徴のため，論文に使われる言葉が，固くて難しく，とっつきにくい印象を与える原因になっているのも事実である．ましてや母語でない言葉で論文を書く多くの科学者にとっては，ある程度の語彙力がつくまでは，学習努力を要するところでもある．

　たとえば "put" はいろいろな意味で使えて便利な言葉のため，初心者は実験方法を描写するのに多用しがちだ．次の2つの文を比べてみよう．

(A) In the next step, the samples were put to the external surface of glasses …

(B) In the next step, the samples were glued to the external surface of glasses … 　　　　　　　　　　(Moezizadeh and Alimi, 2014)[7]

　（B）は液体歯磨きが虫歯を防ぐかを実際の歯のサンプルで実験した研究

の Method のセクションに表れた文である．"glued" にくらべて (A) の "put" は，どのようにサンプルの歯がガラスに取りつけられているのか曖昧で情報量は少ない．

次の例も比べてみてほしい．

(A) The soluble form of Luciferase L, which is responsible for the exumbrellar bioluminescenece display of the medusa, was gotten from the lappets and the dome mesoglear.

(B) The soluble form of Luciferase L, which is responsible for the exumbrellar bioluminescenece display of the medusa, was extracted from the lappets and the dome mesoglear.　　　　(Shimomura, 2012)[8]

　(B) はノーベル賞を受賞した下村脩博士の著書で，オワンクラゲから Luciferase L という光る物質を抽出したということを述べている一節であるが，get と extract では単に extract のほうが難しくてアカデミックな感じがするだけでなく，実際に行われたことを読者に伝える情報量が大きい．
　上記の語の選択と関連して，日本人の初心者の論文に見られるのは，慣用句の多用である．特に take apart, make use of, get rid of といった動詞の慣用句は受験のためにたくさん暗記させられ，自然と出てくるのかもしれないが，科学論文にはあまり用いられない．やはりピンポイントで言いたいことが言えて，ほかの意味に誤解されることのない "dissemble" "utilize" "eliminate" などの単語が論文では好まれる．また，Results のセクションでグラフを描写するときにも，ついいわゆる "more~, more~" の構文を多用する学生が多いが，これも多くの場合，より詳細で正確な表現に置き換えることができる．体重が基準値を超えている新生児の体重増加と体長の増加のバランスについて述べている次の2つの文を比べてみよう．

(A) Weight gain of infants above this threshold is not necessarily unhealthy if the heavier an infant is, the longer it is.

(B) Weight gain above this threshold is not necessarily unhealthy if the increase is in proportion with the increase in length.

(Kerkhof & Hokken-Koelega, 2012)[9]

　内容はほぼ同じのようだが，(B) のほうが新生児の体重増加と身長増加に「規則的な関連がある場合」をさしているということが明確に読者に伝わる．

　その他，接続詞でも科学論文は And, But, So など口語では頻繁に使う接続詞を文頭で使うことを嫌う．In addition, However, Therefore など，意味がより限定的な接続詞を使うことが伝統的科学論文ではよりよいとされている．

■ Hedging（断定を避ける）

　Hedging には「言葉を濁す」というような訳がついていることもあるが，科学論文では「断定を避ける」ということであり，正確さを期するために非常に重要な言語表現である（第 2 章 p39　Disccusion）．次の (A) (B) を比較してみてほしい．

(A) Carbon dioxide is the cause of global warming.

(B) Many studies suggest that carbon dioxide is one of the causes of global warming.

　(A) では Carbon dioxide (CO_2) が温暖化の唯一の原因ととれる．実際にそう主張したい場合はともかく，一般的には (B) のように Hedging をすることによって文の妥当性を高める．もう一つ例を見てみよう．

(A) When a chiral a-substituted P-keto ester was subjected to the hydrogenation, the corresponding threo- and erythro-hydroxy esters were produced in equal amounts.

(B) When a chiral a-substituted P-keto ester was subjected to the hydrogenation, the corresponding threo- and erythro-hydroxy esters were produced in nearly equal amounts.　　　　(Noyori et al, 1987)[10]

　たった1語"nearly"が加わっただけで，言っていることが違ってくる．(B)はノーベル賞受賞者の野依良治博士の論文の一文である．threo-hydroxy esters と erythro-hydroxy esters は「ほぼ同量」出現したのであって同量出てきたのではない．正確に書くためにこの"nearly"の一語は欠かせない．

　科学論文でのHedgingは謙虚さを表すものではなく，あくまで正確に報告するために使われる．断定し得ないことを誤って断定してしまったり，Hedgingする必要のないまぎれもない事実なのに，いたずらにHedgingをしては，正しい情報は読者に伝わらなくなる．

論文英語は「不変かつ普遍」ではない

　以上，科学論文の英語に関して多くの分野にあてはまる一般的なルールについて述べてきた．論文にはメールやブログで見る英語とはまったく異なる決まり事がたくさんあることは明らかだが，ここまでの記述でも（気づいた読者も多いと思うが）随所で断定を避けている．なぜならば論文英語の規則は「不変かつ普遍」ではないからである．規則がいくら多くても，どの分野にもあてはまって，しかも決して変わらないのであれば，覚悟を決めて一度記憶してしまえば済むわけだが，実際は分野ごとの違いは意外に大きく，しかも長い間に変化もしている．論文英語の習得の方法については第7章で詳しく述べるが，論文英語も「言語」であり，すべての社会言語がそうであ

るように，サブグループごとのバリエーションが生まれ，それぞれが時間と共に変化していくことは認識しておく必要がある．

References
1. Nature. For authors：Manuscript formatting guide.
   http://www.nature.com/nature/authors/gta/ (Retrieved September 29, 2015)
2. United Nations. *State of the world's forests*. 2012.
3. Takahashi, K., Tanabe, K., Ohnuki, M., Narita, M., Ichisaka, T., Tomoda, K., Yamanaka, S. S. Induction of pluripotent stem cells from adult human fibroblasts by defined factors. Cell. 2006；131 (5)：861-72.
4. Luck, S. J., Vogel, E. K. The capacity of visual working memory for features and conjunctions. Nature. 1997；390 (6657)：279-81.
5. Kobayashi, M., Maskawa, T. CP violation in the renormalizable theory of weak interaction. Prog. Theor. Phys. 1973；49：652-7.
6. Salaman, M. H., Roe, F. J. C. Incomplete carcinogens：ethyl carbamate (urethane) as an initiator of skin tumour formation in the mouse. Br J Cancer. 1953；7 (4)：472-81.
7. Moezizadeh, M., Alimi, A. The effect of casein phosphopeptide-amorphous calcium phosphate paste and sodium fluoride mouthwash on the prevention of dentine erosion：An *in vitro* study. J Conserv Dent. 2014；17 (3)：244-9.
8. Shimomura O. *Bioluminescence：Chemical Principles and Methods*. World Scientific. 2012.
9. Kerkhof, G. F., Hokken-Koelega, A. C. Rate of neonatal weight gain and effects on adult metabolic health.Nat Rev Endocrinol. 2012；8 (11)：689-92.
10. Noyori, R., Ohkuma, T., Kitamura, M., Takaya, H., Sayo, N., Kumobayashi, H., Akutagawa, S. Asymmetric hydrogenation of .beta.-keto carboxylic esters. A practical, purely chemical access to .beta.-hydroxy esters in high enantiomeric purity. J. Am. Chem. Soc. 1987；109 (19), 5856-8.

column 02 簡潔な文の書き方
—— 関係代名詞を避けるなど

北田 依利

　冗長な文章や複雑な表現のために，情報が正確に伝わらないことがある．「主語はどの部分か」「It は何を指しているのか」と読み手に疑問を抱かせてしまうと，読みづらさゆえに評価されにくい研究になってしまう可能性すらある．

　自分の書いたレポートや論文を手に取り，接続詞で 3 つも 4 つもの文を繋いでいないか，必要最低限の語数で表現できているか見直してみよう．短い文は，ミスが起こりにくいという意味でも優れている．実験方法や研究の意義を上手に伝えるために，ここでは簡潔な文を書くためのコツを提示したい．

1. 自明のことや既出のことは書かない

1) The test tube was shaken by hand.
　——試験管を手で振った．

2) A potato and a knife were obtained for this experiment. The potato was washed, skinned, and diced with the knife.
　——この実験のためにじゃがいも 1 つと包丁 1 本を用意した．じゃがいもは洗ってから，包丁で皮を剥き，さいの目切りにした．

　どちらも丁寧に書かれた文章であるが無駄が多い．試験管を振るのは多くの場合は手なので，論文で by hand を見かけることはまれである（もちろんどのように攪拌したのかが，実験の結果に影響がある重要な情報であれば，攪拌装置や時間を詳しく説明すべきである）．2) では野菜を切るのは通常包丁であるし，皮を剥くのがピーラーでも包丁でも結果に影響しないのであれば書く必要はない．通常は 1) は The test tube was shaken. 2) は A potato was washed, skinned, and diced. で十分である．

3) In this study, X (材料の名前) was chosen because ….
　——本研究では，X を選んだ．なぜならば…

column 02　簡潔な文の書き方——関係代名詞を避けるなど

　Methodセクションで，このような表現をよく見かける．間違いではないが，すでに前のセクションで研究の簡単な説明はしているので「本研究では／この実験では」との断りは不要な場合が多い．先の例文の"for this experiment"にも同じことがいえる．さらに，主題である材料の説明がすぐ始まらないのはあまりよくない．「本研究では」という日本語の決まり文句に引っ張られているのかもしれない．X was chosen because …. / This study chose X because …. だけで十分である．

2. 関係代名詞を使わないで書く

4) Three plastic bottles which had red caps were prepared.
5) Three plastic bottles whose caps were red were prepared.

　どちらも「赤いフタつきのペットボトルを3つ用意した」という意味の文である．文法的には正しくても，2つとも動詞が主語のbottlesから離れて読みにくくなっている．これらの関係代名詞節は前置詞withで表現できる．

　⇒ **Three plastic bottles with red caps were prepared. / This experiment prepared three plastic bottles with red caps.**

6) The Müller-Lyer illusion is an optical illusion that was discovered by a German sociologist Franz Carl Müller-Lyer.
　——ミューラー・リヤー錯視は，ドイツの社会学者フランツ・カール・ミューラー・リヤーが発見した錯視である．

　この文章は，"that was"を省略して表現可能である．

　⇒ **The Müller-Lyer illusion is an optical illusion discovered by a German sociologist Franz Carl Müller-Lyer.**

7) There might have been some limitations which might have influenced the results.

――（この実験の）結果に響いた限界がいくつかあったのかもしれない．

この文は，ほぼ同じ意味で以下のようにすっきりと書き換えられる．
⇒ **Two limitations might have influenced the results.**

関係代名詞を使わなければ語数を少なくでき，文が引き締まる．特に have や be 動詞を使っている関係代名詞節は不要な場合が多いので，見直してみてほしい．

3．use の使用を減らす

科学論文で重宝する「使う」という意味の動詞 use は，不要な場面でも使用されていることがあるので，例を挙げてみたい．

手段を表す by using は前置詞 with や by で表現できるし，without using は using を省略できる．

8) The diameter was calibrated by using a micrometer.
　　――マイクロメータで直径を測定した．
　⇒ **The diameter was calibrated by a micrometer.**

9) without using flash.
　　――フラッシュなしで．
　⇒ **without flash.**

また，「この実験で使われた装置」など，名詞を修飾する語句で，1 で示した自明の情報に該当するものは省略できる．

10) The experimental equipment used in this experiment is shown in Figure 1.
　　――この実験で使われた実験器具は，図 1 に示してある．
　⇒ **The experimental equipment is shown in Figure 1. / Figure 1 shows the**

experimental equipment.

おさらい

　最後に，ここで取り上げたコツをふまえて，簡潔に書く練習をしてみたい．以下のような日本語の手順を英語で書こうとするとき，どう考えたらよいだろうか．

　　——あらかじめ試験管に入れてある市販のアミノ酸飲料（「ヴァーム®」）3mLに，1%のニンヒドリン水溶液 1mL をスポイトで加え，手で試験管を 20 回振りかき混ぜる．

　まず，ここには「アミノ酸飲料を試験管に入れる」「ニンヒドリン水溶液を加える」「試験管を振りかき混ぜる」という 3 つの動作があると理解すると書きやすくなる．

Three ml of commercially available sports drink containing amino acids (*Vaam*) was prepared in a test tube; 1ml of 1 % ninhydrin solution was added [to the tube] by [using] a dropper, and the tube was shaken to mix the contents [by hand].

　「市販のアミノ酸飲料」は関係代名詞節で説明したくなるかもしれないが，"commercially available sports drink containing amino acids"（アミノ酸を含む，市販のスポーツドリンク）と短く表現できる．[ ] 内で表した言葉は，文脈から自明であったり（[to the tube]），本稿で省略できると挙げた語彙である（[using], [by hand]）．

　以上見てきたように，文章を短く書く方法はたくさんある．一つの文や段落には複数の表現方法があるからである．時間と労力を費やした研究の意義を同じ分野の研究者に，そして世界に発信するために，簡潔さに日頃から留意されたい．

第4章

電子ジャーナルの英語文献の探し方と管理

三品由紀子

文献の探し方

■ 論文の入手方法

書籍と同様，科学論文を入手する最初の手段は，かつては所属している大学図書館で検索することだった．しかし学術論文は1章にも紹介してあるとおり，最近はインターネットで検索することが一般的になりつつある．したがって大学図書館の検索も，実際に図書館に行く必要がない．多くの大学では学内のインターネット回線サービスを利用すればアクセスが可能である．図書，雑誌，電子ブック，電子ジャーナルなどのデータベースをまとめて検索することも可能だが，学術雑誌に掲載された論文用のデータベースのみを検索すると特定の論文を探しやすくなる．

今では学外からでも，Abstractまではほとんどのオンライン検索を使えば読むことができる．しかし無料のオープンアクセス論文が少ないため，学内から検索するほうがより多くの論文の全文を読むことができる．まずは論文のTitleとAbstractから読むべき論文を厳選してから，学内LAN環境下の端末で，大学図書館が専用で導入しているデータベースを中心に確認しよう．さまざまな文献検索サービス（検索エンジン）があり，それぞれの検索方法は多少異なる．詳しくは，各検索エンジンの"Quick start guide"や"help manual"を参考にするとよい．

学術雑誌に掲載された文献を探すための検索エンジンの例

検索エンジン名	URLアドレス	連携分野	検索エンジンの言語
Science Direct (1)	www.sciencedirect.com/	科学・技術・医学・社会科学	英語
PubMed (2)	https://www.ncbi.nlm.nih.gov/pubmed	医学・生物学	英語
EBSCOhost (3)	https://www.ebscohost.com/	全分野	日本語・英語
Springer Online Journal Archive (4)	www.springer.jp	科学・工学・医学，経済学・人文科学	日本語・英語
Web of Science (5)	http://apps.webofknowledge.com/	全分野	日本語・英語
Google Scholar (6)	https://scholar.google.co.jp/	全分野	日本語・英語
CiNii Articles (7)	http://ci.nii.ac.jp/	人文科学・法学・経済学・理学・工学・農学・医学	日本語

第4章 電子ジャーナルの英語文献の探し方と管理

1 Science Direct（サイエンスダイレクト）
http://www.sciencedirect.com/

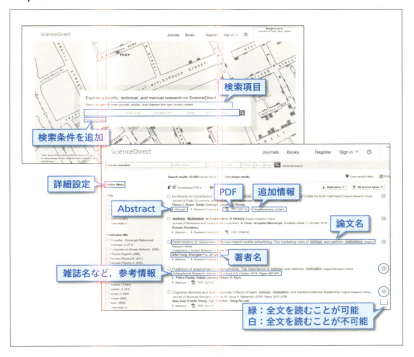

▶ 科学・技術・医学・社会科学分野
▶ エルゼビア出版社が提供する世界最大（1,400万件以上）のフルテキストデータベース
▶ 日付順 （http://jp.elsevier.com/online-tools/sciencedirect）

2 PubMed（パブメド）

https://www.ncbi.nlm.nih.gov/pubmed/

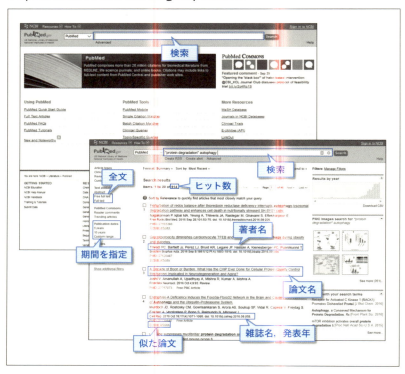

▶ 医学・生物学分野
▶ アメリカ国立医学図書館(NLM)の国立生物工学情報センター（NCBI）が運営する学術文献検索サービス
▶ 日付順

第 4 章　電子ジャーナルの英語文献の探し方と管理

3 EBSCOhost （エブスコホスト）
https://search.ebscohost.com/

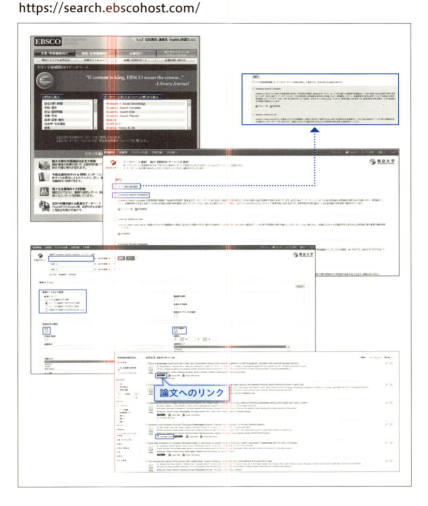

- ▶各大学が EBSCO 社との契約により，学内のみで利用できる
- ▶複数のデータベースを一括して検索できる幅広い分野にわたる論文データベース
- ▶http://www.ebsco.co.jp/about_us_c.html

4 Springer Online Journal Archive （シュプリンガーオンラインジャーナルアーカイブ）

http://www.springer.jp/

▶科学・工学・医学，経済学・人文科学分野など
▶1996年以前の論文を中心に，出版社 Springer 社が提供している

5 Web of Science（ウェブ・オブ・サイエンス）
http://apps.webofknowledge.com/

▶ 全分野
▶ キーワード検索のほか，ある文献を引用している論文の検索も可能
▶ 日付順

6 Google Scholar
https://scholar.google.co.jp/

- ▶ 学外からでも使える Google が提供する学術情報の検索エンジン
- ▶ 学外でも大学等研究機関のオープンアクセス論文が見つかることもあり，検索・文献入手に有用
- ▶ 関連度の高い順

第 4 章　電子ジャーナルの英語文献の探し方と管理

7 CiNii Articles
http://ci.nii.ac.jp/

▶日本の論文を探すときに使用する

■著者名や論文名がわかっているとき

著者名がわかっている場合

　検索サービスによっては，タイトル・著者名・出版年・キーワード等，詳細検索入力項目が決まっている．著者名がわかるときは，綴りを間違えないようにして苗字で検索する．同じ苗字が多い場合はフルネームで検索するとよい．大文字小文字を区別しない検索サービスが一般的である．

　もし Google Scholar など詳細検索の入力項目がない場合は，"author: "を著者名の前に入れると検索の単語が著者名と認識する．

> author: yamanaka
> author: yamanaka shinya

　なお山中伸弥博士はローマ字では Sinya ではなく Shinya で論文を投稿している．また，大隅良典博士は Osumi ではなく Ohsumi と書いている．綴りの違いで検索結果が変わってくるので，気をつけよう（第6章 p122　著者名の重要性）．

論文名（タイトル）がわかっている場合

　論文名がわかるときは，最初の単語のいくつか，またはすべてを入力する．二重引用符（" "）で囲むと検索結果の上のほうに表示され，見つけやすくなる．二重引用符を使用すると，そのキーワードの語順のままで検索され，完全に一致する論文名が見つかる．この検索方法を「フレーズ検索」といい，論文名以外にも使える上，一般の検索エンジンでも同じように利用できる．

> "autophagy in yeast demonstrated"
> "isolation and characterization of autophagy-defective mutants"

　上の例のように "isolation and characterization" は論文名ではよく使われているので，キーワード（この場合，autophagy-defective mutants）も入

第 4 章　電子ジャーナルの英語文献の探し方と管理

8 キーワード（専門用語）を用いた論文検索

Science Direct を利用し，キーワード "autophagy" で検索してみる．1997 年以前の論文と絞った結果の一番目のヒット．

PDF 形式の論文の一部

(http://www.sciencedirect.com/science/article/pii/037811199600354X#)

れると特定の論文を探しやすくなる．

■あるテーマの論文を探すとき

　手元に論文があれば，参考文献リストから該当する論文を見つけ出すことが容易となる．参考文献を参照しながら芋づる式に関連文献を探すことができる．また手元にある論文の数が多いと，検索用のキーワードを見つけやすくなる．しかし，もととなる論文が 1 本しかなくても，いくつかのキーワード候補を選ぶことにより必要な論文を見つけることができる．入力する単語には，なるべく特有のキーワード（専門用語）を入れると検索しやすい．専門用語（テクニカルターム）があれば，それを使うと有益な論文を見つけやすくなる．多くの場合，論文は検索のキーワードを選ぶときにも役立つ．論文の著者がキーワードを明記することがあるので確認するとよい．

特定のテーマについて論文を探すときに，キーワード選びから始める場合もある．この作業はデータベースで検索しながら，何度も繰り返すことをお勧めする．キーワード選定のための検索は1つの単語だけではなく，いくつか入れるとよい場合がある．的確なキーワードを見つけ出すには少し時間がかかるかもしれないが，そうやって探したいくつかの単語でキーワード検索をしてみよう．一般的な単語よりもテクニカルタームのほうが文献検索をしやすいので，検索する単語は慎重に選ぶべきである．

　ヒットする論文数が多すぎたり少なすぎる場合には，キーワードを変えたり増やしたりし，また投稿5年以内の論文に絞ってみたりいろいろと工夫が必要となる．タイトルが自分のテーマにぴったり合っていなくても，とりあえずAbstractを読んでみることも大切である．それらの論文から新しい道が開けることがある．そこで使われている自分にとって馴染みのない単語・専門用語の検索により，今まで考えていた構想に新たな展開をもたらす可能性もしばしばある．

■ 入手したい論文が有料の場合

　大学図書館サーチエンジンを使って興味深い論文が見つかっても，有料版しかないときがある．その場合は，インターネット上で無料PDF版をダウンロードできることがあるかもしれないので，Google, Yahoo!, MSNなどの一般的な検索エンジンを使ってその論文名を検索してみよう．著者のホームページなどからも無料ダウンロードが可能な場合がある．

　さまざまな手を打っても入手できないときは，いったんその論文を諦めて，ほかの論文を探すとよい．しかし一般に，大学図書館はアクセス数が多いメジャーな雑誌と契約している可能性がある．どうしても欲しいときは，図書館に相談してみよう．他の図書館や他の大学から送ってもらって借りることができるかもしれない．検索を早く終えて，適切な論文を読みたいと気がはやることがあるが，検索も研究の大事な一部である．参考文献をみればその論文のレベルがわかるといわれている．よい論文をベースに，根気よく何度も検索しよう．必ず適切な論文が見つかるだろう．

第4章　電子ジャーナルの英語文献の探し方と管理

> **「論文選び」および「どの文献が役に立つか」を判断するテクニック**
> - 年代の新しい文献から優先的に見ていくのが効率的
> - レビューから読み，指定トピックについて先行研究をまとめた既存の知識を理解しておくこと
> - 検索キーワードを二重引用符（" "）で囲み，フレーズ検索で検索結果をより的確に絞る
> - 検索中，検索キーワードのすぐ前にマイナス記号（–）を付けて，特定のキーワードを除外する「マイナス検索」を利用する
> - 査読付き論文 "peer-reviewed" 査読が行われた論文を選ぶのがお勧め
> - 卒業論文（thesis）や特許（patent）などは除くべき
> - 検索エンジンによっては "cited-by" や "citing articles" といった，その論文の引用状況（どの論文で引用されているか）の情報があるので活用し信頼性を判断する

文献管理

■ インターネット検索で見つけた論文の保存

　検索された参考文献は PDF 形式で自分のパソコンやクラウドサービスで保存することができる．読みたいときにその都度インターネットで検索する必要はない．いったんダウンロードした論文は，オフライン状態でも，学外でも読むことができる．その際に文献用フォルダを作り，フォルダ内でテーマ別論文管理を行うと便利である．インターネット検索で読みたい論文を見つけたら，まずは PDF 形式で論文をダウンロードして一括文書管理をすることをお勧めする．

　検索に自分の端末を使っていない場合は，利用端末にいったんダウンロードし，著作権上許される範囲内で USB メモリに入れるか，クラウドサービスにアップロードするか，または自分のメールアドレスに添付メールで送っ

ておく（あくまで本人の個人使用目的に限る）．一括管理用の論文フォルダを作るコツは，PDFを研究テーマ別に適切に保存すること．管理が不十分であると，後日，必要な論文を取り出すのに時間がかかってしまう．PDFを開いて内容を確認する手間を省くためには，ファイル名を適切につける必要がある．しかしファイル名は簡単に論文の区別をつけるためなので，自分でわかるような工夫が必要となる．最初は"著者の苗字，論文名の一部，雑誌名，発表年"等を入れるとよい．パソコンのシステム上，ファイル名には全角スペースおよび半角スペースを入れずに，下記のようにアンダースコア（_）の記号文字で単語を繋げることをお勧めする．

> Author1_Author2_Title_JournalAbbrev_Year.pdf

■ 紙媒体

　最近はインターネット上で全文が読める論文が増加しているが，古い論文の場合は本文が紙媒体のみのものもまだ多く存在している．図書館でコピーを取った後，スキャンをするか写真を撮って保存するとよい．

　また，逆に文献をインターネットからダウンロードしてPDF形式保存をした後，そのファイルを印刷して読むことも効果的である．通勤通学の移動中など，カバンからすぐに取り出せると負担がなく，いつでも読める．もちろん電子端末でも読めるが，印刷をして読むとメモを取りやすくなる．研究で使った部分を切り取ってlab notesに挟んだり，貼ったりすることもできるので一度は試すことをお勧めする．

■ 文献管理ソフト

　第6章に詳述するが，研究者にとって研究論文を収集し，管理し，文献リストを作ることは非常に重要となる．その作業効率を手助けしてくれるのが文献管理ソフトである．自分の保有する論文のPDFファイルを保存して，それを複数のコンピュータ，しかもOSの種類を問わずWindows, Mac,

Linux，iPad，iPhone，Androidなどからもアクセスできるものもある．文献管理以外に引用管理も専門に行うソフトがあり，無料版も出ている．参考にしてほしい．

> **文献ソフト一例**
>
> ■ **Evernote**
> - 情報管理ソフトとしても知られているが，文献管理もできる
> - 論文表示の後，ブラウザメニューのアイコン（ウェブクリッパー）をクリックすると，PDFで論文が保存できる
> - 論文の情報やメモも入れられる
> - 無料版と有料版あり
>
> ■ **Mendeley**
> - 検索サービスと連携して，文献情報を管理
> - 引用文献の記載も可能
> - すべてが無料
>
> ■ **Papers**
> - 文献情報を自動に管理
> - 直接PDF形式で論文を入手保存できる
> - 有料
>
> ■ **Endnote**
> - 文献情報を自動に管理
> - PDFを自動でダウンロード
> - 引用ソフト（レファレンス・マネジャー）としても優れている
> - 参考文献を論文内に自動的にジャーナル形式のフォーマットに自動出力
> - 参考文献が多い論文を書くときにはとても便利
> - 有料

文献管理ソフト——Mendeley と My Library の使い方

文献管理ソフトを使えば，今までダウンロードした論文や取っておきたい論文情報を簡単に管理することができる．インターネットに繋がっている状態であれば，文献を検索・入手しながら同時に管理もできる．

Mendeley を使いながら文献を探して論文の情報を保存する手順

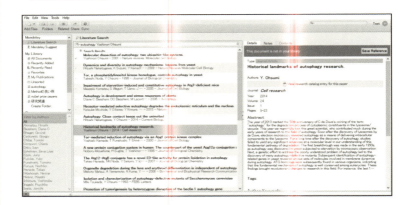

■ まず登録手続きを行う

- ▶ Mendeley のページ http://www.mendeley.com/ からフリーソフトをダウンロードする．
- ▶ メールアドレス，名前，パスワード，専門分野などを入力して登録をする．
  - ＊メールアドレス以外は後から変更可能．
  - ＊プライバシー設定も変えられる．

■ 論文を検索する

- ▶ 左上から"Literature Search"を選び，論文を探してみる．
- ▶ 興味ある論文をクリックすると，右側にその論文の詳細が出る．
- ▶ "Save Reference"で"My Library"にその情報が保存されるので，インターネットに繋がっていない状態でも My Library 内の論文・論文情報を見ることができる．
  - ＊ただし，Mendeley を使って入手（ダウンロード）をしていない論文を読むことはできない．

第 4 章　電子ジャーナルの英語文献の探し方と管理

My Library を活用する

左側の My Library にフォルダを作ることができる．自分の基準でファイル名を考え，論文を入力すると検索しやすくなる．Mendeley を使って著者名や論文内の単語などの検索もできるので，フォルダへの整理が上手にできなくて，1つの "Unsorted"（分類されていない）フォルダにすべての論文が入っていたとしても，それほど苦労をする心配はない．

■ My Library の論文を読む
- ▶ すでにもっている PDF ファイルを Mendeley に保管することも可能．
- ▶ PDF をドラッグアンドドロップで "My Library" に入れるだけで，論文の情報が自動で管理される．その他，自らメモも追加できる．
- ▶ ダブルクリックで新しいタブが開くので論文が読める．

References
検索方法
https://www.sony.jp/support/vaio/beginner/school/internet/04.html
https://www.sony.jp/support/vaio/beginner/school/internet/05.html
ファイル名にスペース：
https://support.apple.com/ja-jp/HT202808
https://support.microsoft.com/ja-jp/kb/952129
http://jp.elsevier.com/online-tools/sciencedirect

column 03　Methodセクションにおける曖昧な表現

森谷 祥子

　新学期も数週間が過ぎたころ，科学論文を書く英語のコースを履修している学部生がセクションごとに草稿を書き出す．まずMethodセクションに関する質問を受けることが多くなる．このコラムでは，Methodセクションの書き方について，私が日頃学生とチュートリアルをするなかで気づいたことを述べたい．特に，Methodセクションで「正確に」情報を伝える英文表現について見ていく．

　Methodセクションに関する質問でよく聞かれるのは，「どこまで詳しく書けばいいですか？」である．Methodにどのような内容を含めるかは，分野や研究目的によって異なってくるが，共通するのは再現性が確保されることであろう．そこで，まずは再現性を確保できるだけの情報量を含めることが重要だ．さらに，情報を正確に伝えるためには，文法的な正確さも重要である．しかしそれだけでは不十分なケースがよくある．情報の量が十分で，文法的に正しくても，まだ正確ではないこともあるのだ．

　次のような英文表現について考えてみよう．たとえば，リンゴを酢水につけた場合に，生のリンゴとレンジで温めたリンゴとでは，どちらの表面の褐色化の進度が遅いか，というのを調べる実験をしたとしよう．サンプルの種類や量，実験器具や実験手順に関して必要な情報量を考慮し，以下のような内容を説明したいとする．

――次に，3mLの酢，10mLの水，あらかじめ1分間レンジで温められた角切りのリンゴ10粒をビーカーに入れ，木製のティースプーンで10秒混ぜた．

では，これをひとまず直訳するような形で英語にしてみよう．

Next, 3ml of vinegar, 10ml of water, and ten apple cubes which were heated for one minute in a microwave oven beforehand were put together into a beaker and mixed with a wooden tea spoon for 10 seconds.

　この文には文法的な間違いはなさそうである．しかし，情報の正確さという点では大きな問題があることに，皆さんは気づいただろうか．この文は2通りの解釈ができる．注目したいのは "which–beforehand" の部分が何を説明しているのか

である．もし which 以下の修飾部が直前の "ten apple cubes" のみを修飾していると解釈すれば，実験内容が正確に伝わったといえる．しかし，もし which 以下の修飾部が "3ml of vinegar, 10ml of water, and ten apple cubes" という 3 つの主語すべてを説明していると解釈すると，実際にはリンゴだけを温めるだけの実験が，お酢や水までも温めたものを使用すると誤解されてしまう．もし再現実験をする人が間違った解釈をして実験をしたら，実験結果がまったく違ったものになるだろう．

　このように，文法的に正しい英文であっても，2 通り以上の解釈が可能である場合は，読み手の誤解を回避するための工夫が必要となる．さまざまな修正が可能であるが，次のように 2 文に分けてみるとよいだろう．

Next, ten apple cubes were heated in a microwave oven for one minute. Then, 3ml of vinegar, 10ml of water, and the ten heated apple cubes above were put together into a beaker, and were mixed with a wooden tea spoon for 10 seconds.

　次のような場合でも同様である．たとえば，発芽に関する実験をし，さまざまな種類の食塩水に種をまくという作業を Method セクションで報告するとしよう．その際，次のような内容について英文で説明したいとする．

　　——10 粒ずつの種を，1% の食塩水 10mL，5% の食塩水 10mL，水道水 10mL が入ったプラスチックの容器に入れた．

　この文も，直訳的に英文にしてみると次のようになるだろう．

Ten seeds were put in plastic containers with 10ml of 1% salt solution, 10ml of 5% salt solution, and 10ml intact tap water.

　今回の英文も文法的には正確に書けている．しかし，それぞれの容器に 10 粒ず

column 03　Method セクションにおける曖昧な表現

つの種が入っているのか，それとも，全部で合わせて 10 粒の種が，3〜4 粒ずつ分けられて容器に入れられたのか，曖昧である．正確に情報を伝えるためには，思い切って，この文も 2 文に分けて書いてみればよいだろう．また，このような場合は，each が大活躍することも知っておくと便利だ．

First, 10ml of 1% salt solution, 10ml of 5% salt solution, and 10ml of intact tap water were prepared, and each of the solutions was poured into one of the three plastic containers. Then, ten seeds were placed in each of the containers.

　これで，それぞれの容器に 10 粒ずつの種がまかれたということが正確に伝わる．
　このような英文表現の，文法レベルを超えた正確さの問題は，文法ばかり集中的に学習してきた学生たちにとって，気づき難いポイントであるようだ．しかし，実際に読み手に何かを伝えたいなら，どんな言語であっても曖昧な表現は控えるべきであろうし，理系のライティングの場合は，特に重要視されるポイントであろう．ぜひ，内容を正確に伝えるための英文表現とは何かを常に試行錯誤しながら，論文を書いていってほしい．

第5章

科学論文執筆 3つのケース

片山晶子

ここまで英語科学論文の構成や言語的特徴について論じてきたが，英語が母語でない研究者は実際の研究生活のなかでどのようにして英語論文を書いているのだろうか．本章では英語による科学論文が異なった研究分野，研究環境においてどのように作成されているのか，日本で研究生活をしている実際の研究者の経験を紹介する．なお，以下の3つのケースは実在の研究者のインタビューに基づいているが，個人のプライバシーを保護する目的で事実を再構成している．本文に出てくる個人名は仮名である．

第 5 章　科学論文執筆 3 つのケース

CASE 1　ダイゴさん（生物系）

　ダイゴさんは生物，特に植物の系統解析を学ぶ博士課程の大学院生である．もともとダイゴさんはある植物に興味をもっていた．修士課程では，その植物についてどんな研究をしたいかおおまかには自分で選択し，何に焦点を絞るかについては，指導教官からアドバイスを受け系統学的な研究をした．博士に進んでからは，自分でテーマを選びアドバイスを受けながら仮説検証型の研究をしている．修士から博士に上がるときには研究テーマについて悩むことも多かったという．研究分野の性質上，グループ研究は比較的少なく，一人で決めて一人で研究することが多いという．グループ研究の経験もあるダイゴさんだが，常々「人と一緒にやると自分の研究のアイデンティティが作りにくい」と感じていたので，個人で研究するスタイルのほうがダイゴさんには合っているようだ．

■「読むこと」が研究のスタート

　研究を始めるにあたってまずすることは「読むこと」だとダイゴさんは言う．大学という組織のなかで研究を始めるには，まず研究計画書を提出しなければならない．研究では試薬などに多くの費用がかかる．これは私費ではないので，その費用を使うに値する実験であるということを，計画書を読むだけで納得してもらえるように書かなければならない．計画書は論文とよく似ていて Introduction では「何がすでにわかっているのか」，しかし「何がまだわかっていないのか」，「そこで自分はどんな仮説を立てたのか」，すなわち「自分はなぜこの研究をするのか」を明らかにしなければならない（第 2 章 p28　Introduction）．そのために先行研究を読み込むことはとても大事だとダイゴさんは考える．文献を読むのは計画書のためばかりではない．Materials and Method を決めるにあたっても，実験の Protocol（実施要領）について参考文献をたくさん読む．ダイゴさんは文献はもっぱら Google で探して「後は先行研究の References のなかから読まなきゃならない論文を

探します」と言う（第3章 p57　IMRaD でやるべきこと・やってはいけないこと）．

　ダイゴさんは論文の IMRaD のパーツをどんな順で読むのだろうか．「論文をどこから読むかは目的によるんです」とダイゴさんは言う．科学論文はあまり長くないから，論文に慣れているダイゴさんは順番通りに読んでもそれほどは時間がかからなくなってきた．研究全体が知りたいときは，全体を順に読むことも時にはあるという．違う順序で読む例としては，Method について知りたい場合である．まず Method から読む．その後この研究が何を調べていたのか確認するために Introduction も読む．それから Method の良し悪しを判断するために Results を読む．そんな読み方をすることもある．

　ダイゴさん自身が現在研究で読む文献はほとんど英語だそうだが，分類学の分野では古い文献は日本語やドイツ語，フランス語もあるという．日本語はともかくドイツ語，フランス語の文献はちょっと困る，とダイゴさんは打ち明けてくれた．さらに植物の分類学ではラテン語が今でも新しい種類を同定（分類上の所属を決めること）するときに使われているので，言葉の苦労は多い．最近ではネットを通じて標本にアクセスができるようになった．おかげで言葉だけではなく目で理解することもできるので「何とかなっている」のだそうだ．

　たくさん読んで十分な準備をして，やっと実験に取りかかることができる．「実験は体力．でも慣れるものなんですよ」とダイゴさんは語る．つらいのは予想通りにいかなかったときだ．なぜうまくいかなかったのか考えて再実験の計画をするときは，さすがに「大変だ」と感じるそうだ．そんなときは，指導教員や研究室のポスドク（ポストドクター．博士号を取った後，研究に専念する任期つきの仕事）にも相談をするが，答えが見つかるとは限らない．最後は試行錯誤を繰り返して自分で出口を見つける．そんな「試行錯誤」を支えるのが，日頃からたくさん読んでいる先行研究なのだろう．

■ まずは Method から書く

ダイゴさんは大学院に入るまでは英語で論文を書いたことはなかった．英語は得意なほうだが，論文を書くのは楽ではない．結局何語で書いても「論文を書く」ということは難しいんだ，と達観している．

ほとんどの研究者がそうであるように，ダイゴさんも論文は IMRaD の順番で書くわけではない．「楽に書ける」Method から取りかかる．もう何年もやっている実験だと Method は完全に覚えているし，lab notes（実験ノート）があるので書きやすい．ほかのセクションに比べれば「Method を書くのはほとんど楽しい」とさえ言う．忘れないよう早く書いてしまう．反対に Results が「一番好きじゃないところ」だそうだ．Results は Method の次に書くのだが，ダイゴさんの研究分野では投稿する学術誌（ジャーナル）によっては Results と Discussion をまとめて書ける場合がある．「Results には分析を書いてはいけない」といちいち気にしながら Results のセクションを書くより Results and Discussion でまとめて書けるほうが好みだという．ダイゴさんの場合，Introduction はほかのすべての部分を書き上げてから書く．初めには決して書けないそうだ．「でも実験をやりながら Introduction に何を書こうか考えてますけどね」実験中だけでなく，他のセクションを書いているときにも「仮説は何だったのか」など，あとで Introduction に入れることがいつも浮かんでくる．だから，Introduction を書くときにはすでに頭の中には書くことがはっきりとあって，新たにつけ加えたりすることは少ない．

■ lab notes（実験ノート）は私物ではない

ダイゴさんの lab notes（実験ノート）は共同研究ではないので，自分一人しか見ないが，英語で書いているという．「前は植物の名前とか日本語で書いちゃってたこともあるんですけど，やめました．まあ，僕の lab notes を後から見る人なんていないかもしれないけれど，研究によっては後から色々な人に見られる場合もありうるんですよ．そのとき誰でも読める言語で書いておくって大事なんですよね」ダイゴさんの lab notes は手書きである．しかし手書きでも，間違いを修正液で消してはいけない，などの厳しい

ルールがある．保管もカギのかかるところ，という規則があるそうだ．「lab notesって私物じゃないんですよ，一人でやってる研究でも．だから家に持って帰ったりはできません．それは指導の教授も学生も同じです」Protocolは同じ実験だからってlab notesではとばしてしまう人もいる．しかし，ダイゴさんは「毎回ちゃんと書いたほうがいい派」だそうだ．

■ 査読者も英語が母語ではない

ダイゴさんの場合，英語で書いた論文はどのような人に読まれているのだろうか．書いているときに誰が読むかというイメージがあるか尋ねると「あまり考えない，漠然とこの分野の人，って思ってます．東南アジアに多い植物のことだから，アメリカの人はあまり読まないかな」とは言いながらもダイゴさんの研究テーマだけについて言えば，実は分野がとても小さいので，主な研究者は「顔が浮かんでくるぐらい」知っているという．学会誌に論文を出したら「この人が査読するだろう」と思う研究者はドイツ人だと言う．自分も英語が母語でないけれど，読み手も英語母語話者ではない．「だから小説みたいにきれいに書くより，わかりやすく書こうっていつも気にしています」

ダイゴさんは投稿前に研究室の中で草稿を読み合うことは，とても大切だと思っている．英語の表面的な誤りを直すために校正サービスに出すのも悪くはないが，いっしょに座って説明しながら直してもらうわけではないので，こちらの意図の通りの文になるとは限らない．校正サービスの専門知識レベルはさまざまである．「この分野では誰でも知っている用語なのに，間違いだと勘違いされて，全部直されて帰ってくることがあるんです．そうするとまた元に戻さなきゃならない」書き上げた論文をさらによくしたいと思ったら，専門知識があって信頼のできる研究室の先生，先輩，同輩から厳しいコメントをもらうよりよい方法はなかなかない．だからダイゴさんは研究室で草稿の読み合いをしている．

ダイゴさんは言う．「英語で論文書くの，ほんとに大変だけど，実験が終わっていてもう書くことも決まっているのだから，実験途中の悩みや失敗に比べたら楽なもんです．Tableをうまく描いたりFigureを並べたりするの

は時間かかりますから，疲れはしますけどね」ダイゴさんは，書くときはもう実験からは完全に離れて，書くことに専念するタイプだそうだ．「ながら，はできない．実は今執筆中なんです．だから実験やめてます．たまたま静かな研究室なんで，ヘッドフォンで音楽聴きながら自分の世界に入ります．ときどき，『機械壊れちゃった，どうすればいいですかあ？』とかよばれて中断することもあるけれど，その程度なら僕は大丈夫です」

CASE 2　タカコさん（化学系）

タカコさんはいわゆる"リケジョ"である．今はポスドクの研究員で出身大学の大学院の研究室に所属している．専門分野は化学で現在の研究は分析化学に類別される．このごろは女性の研究者が増えている領域だそうだ．生きている細胞などをしばしば扱う．女性であろうと男性であろうと反応を待ちながら長時間研究室で過ごすことが多い．体力も忍耐もいる．

タカコさんはどうやって研究テーマを選んだのだろうか．修士では，研究室によっては，指導教官がテーマを選んだり，研究室ですでに行われている研究に加わる形で，テーマが決まることも多いが，タカコさんの場合，修士のときの指導教員が「何でもやってごらんなさい」とわりに自由にテーマを決めさせてくれるタイプだった．といっても無論本当に何でもよいわけではない．「その研究室の色っていうのがあるわけですよ」とタカコさんは言う．研究室で行われているテーマに何らかの新しい貢献をすることが求められている．まず最新研究の英語文献をたくさん読んで，自分で選んだテーマについて先生に「こういう研究がしたい」というプレゼンをして納得してもらわなければならない．

タカコさんは英語はずっと苦手だった．それなのに大学院に入っていきなり「英語だから読めない，なんていうのはなし」という状況にさらされ，初めはとても苦労した．「女性だから英語は大丈夫，みたいに思われると困るんですよね」とタカコさんは言う．

タカコさんの分野の場合，テーマを決めるのと同時に「何を分析対象とするか」を決めることになる．「どんな分析手法はまだ開発されてないのか，その新手法だったら，どんな分析対象がマッチしそうか．そのなかでこれは面白そうだな，って対象を選んでいくんです．手法と対象をセットで考えていくんですよね」

■ グループ研究がほとんど

　タカコさんは，修士のときだけは1人1テーマだったので単独で研究したけれど，それ以降はみなグループだ．今ポスドクのタカコさんは修士の院生と共同研究をしている．いずれにしても研究のスタートはやはり文献だそうだ．大きなテーマを決めるときも，テーマへのアプローチを絞り込むときも，とにかくまずはグループのメンバーで文献を「読みあさる」のだとタカコさんは言う．もちろん英語の文献である．

　タカコさんはどのように文献を探しているのだろうか．「修士の初めのころはネットじゃなくてChemical Abstractっていう本で探したこともあったんですけど，すぐネットが主流になってPubMedっていうのを使い始めて，それからWeb of Scienceが出たんです．今ではGoogle Scholar…っていうか，いきなりGoogleからいっちゃうことありますね．でも，PubMedは今でも使ってます．スター研究者を『著者名』で追うときは便利です」（第4章 p78　文献の探し方）．

　タカコさんの研究の場合，実験に入るまでの準備と仮説を立てるために，実験準備と文献との間を行ったり来たりしながら随分時間をかけるが，ひとたび実験に入ると後は早いのだそうだ．「一発でよい分析手法を完成させちゃう人もいることはいるんですけどね…」とタカコさんは笑う．ほとんどの研究者は何度もやり直しをしている．ある程度よい結果が出たら，今度は再現性のチェックをする．誤り，見間違いは「研究室の信用問題」になる．一度学会誌に出してしまった論文の「取り下げだけは，絶対にしたくない」とタカコさんは力を込めて語る．

　タカコさんの分野でもlab notesは非常に重要である．lab notesは2種類

ある．一つはいつも同じことをするルーティン化された Protocol（実験要領），もう一つは実際の実験の記録である．最近では Protocol はコンピュータに保存してあるが，タカコさんは「Protocol はともかく実験の記録のほうは，綴じてある1冊のノートブックがいい」と思っている．ルーティンとよばれるいつも同じことをする Protocol は，わざわざいつも lab notes に書く必要はないが，どこを参照すれば Protocol が確認できるのかは，ノートをみればわかるようにしてあるのだそうだ．また Protocol に多少とも変更を加えた場合も実験用のノートブックのほうに明記する．もちろん確立した Protocol がないまったく新しい手法の実験をするときは，Protocol をこと細かく書き出していかなくてはならない．タカコさんは今は共同研究者も日本人なので lab notes は日本語で記録している．しかしタカコさんの周囲には英語で lab notes をとっている人も多い．共同研究者が日本人でない場合も増えている．そうでなくても「どのみち論文は英語で書くのだから」という決意のもとに lab notes を英語でとっている人もいるそうだ．

　タカコさんは実験のどの段階で論文を書き始めるのだろうか．「実験全部終わってからです．一回実験から離れないと書けないたちで．ほんとはやりながら書かなきゃいけないと思ってはいるんですけど」特に Method はやりながら書いたほうがいいと思ってはいるそうだ．タカコさんの研究室では実験の進捗を定期的に発表し合っている．人によってはうまくそういうチャンスを活用して計画的に書き上げている．自分も「理想を言えば」そういう機会を利用して少しずつ書き溜めておくべきだと思ってはいるが，タカコさんはなかなか実行できないようだ．

■ 実験は Results にしか意味はない

　タカコさんは書き始めるのは Method からだろうか．「はい．ええっと，でもないかな…」タカコさんは実は Results をまず書くという．これは研究室の指導者や恩師の影響もある．修士のころから「実験というのは Results にしか意味はない」と言われてきた．Discussion で何を言っても，データがそれを語っていなかったら何の説得力もない「言い訳」にしかならない．

「研究の魅力はResultsが語るストーリー」だという．タカコさんにとってはResultsはグラフや図を「見る」ところ，ではなく「読む」ところなのだそうだ．そしてResultsを書きながらIntroductionで何を書くか考えるので，Resultsの次に書くのがIntroductionで最後がDiscussionだそうだ．「IntroductionとDiscussionは呼応しているところがあるから」並行して書くことが多い．そして最後にAbstractを書いて締めくくるというのがタカコさんの流儀のようだ．

タカコさんはもう何本も論文を書いているので，IMRaDが体にしみついている．それでも「これはIntroで言おうかDiscussionにまわそうか」という迷いと「これはResultsに書こうかMethodで先に言っておこうか，それともFigureのキャプションにするか」という迷い，この二つの「迷い」が今でもしばしば起こるという．なぜ迷うかというと読む人にとってどちらが都合がいいか考えるからだ．タカコさんは想定読者が常に頭の中にあるという．「読者っていうか，ジャーナルの査読者ってことですけど」

■ 書けないのは「英語だから」じゃない

タカコさんも論文執筆では苦労をしている．でも今は，英語が苦手だから大変なわけではない，と思うようになった．ちゃんと書けないときはおそらく日本語で書こうとしても書けないということを，タカコさんは失敗から学んでいった．書けない理由の第一は十分考える前に書き始めてしまうこと．慌てて書き始めると，必ず途中で行き詰まるという．もう一つは説明が億劫になって簡単に書いてしまうこと．必ず「何を言っているのかわからない」と指摘される．後者の問題についてはとにかくほかの人に読んでもらうことが大事だとタカコさんは考えている．率直に厳しいコメントしてくれる人をもつことが大切だ．タカコさんの場合，最初の読者は彼女が「ボス」とよぶ研究室の先生である．先生からコメントが返ってきたら一晩おいて頭を冷やしてからコメントを読んで書き直すことにしている．

論文を書くのはこれほど苦労であってもタカコさんはきっぱり「書くことは大事」という．「書いて初めてわかることがたくさんあるんですよ．デー

タが足らないとか，このデータがあるとこの研究はずっと強力になる，とか」タカコさんも前述のように集中型で実験から遮断された環境で書くほうが好きだ．しかし，書きながら実験の問題に気づいたときは，実験室に戻ってやり直しをして，実験しながら書くこともあるという．

タカコさんの研究室では有料の英文校正を頼むかどうかは人によるそうだ．英語に多少問題があっても，研究に自信があるので校正をかけずにジャーナルに投稿してしまう人もいるという．専門性が高すぎると外部の校正には限界がある，とタカコさんも感じている．たとえ英語が苦手でも，自分の論文を「読むに値する魅力的なストーリー」として伝えるのは，研究者自身でなければできないとタカコさんは言う．

CASE 3　リンタロウさん（複合領域）

リンタロウさんは物理化学が専門，ちょうど博士課程を修了したところである．学部では試験管を使って有機合成をするような「ど真ん中の化学」を勉強していたが，そこから理論に興味を持ち出して，大学院は学部とは別の大学に進学した．自らを「理論屋さん」とよぶリンタロウさんが現在研究しているのは，化学の原理から出発してコンピュータによる計算結果から化学現象を説明したり予測したりすることだ．このように抽象的な理論を整理してプログラムにすることで，実際に使えるようにする．このような研究のための「道具作り」も重要な仕事の一つだ．

リンタロウさんたちの研究は，はたから見ると研究者はコンピュータの前から一日中いっさい動いていないように見える．実際ほとんどの作業がコンピュータのなかで行われる *in silico* の世界である（ちなみに前出のダイゴさんのような生物分野は *in situ* とよばれる「自然の現場での観察」を含み，タカコさんがやっている化学分野は実験室のコントロールされた環境，すなわち *in vitro* で行われている）．リンタロウさんの研究分野は他のフィールドと比べても「英語度」の高い分野で，日本語で研究が発表されることはほ

とんどない．また，女性研究者が少ないのも特徴的で，日本だけではなく世界的にも他の分野と比べて目立って男性ばかりの領域だという．

■ 英語は話せるけれどキレイな文が書けない

リンタロウさんは理系にはやや珍しい「英語が話せる学生」だった．高校生のころから大学へ行ったら留学しようと思っていたので，会話ができるようにと意識的に心がけて英会話教室にも通った．たまたまリンタロウさんが学部で通ったのは英語教育では定評のある地方の私立大学だったので，英語で行われる授業も多かったという．努力の甲斐あってしゃべることは得意なリンタロウさんだったが，書くほうは決して得手ではなかった．書く内容はパッと浮かぶのに「キレイな文が書けない」「穴だらけだ」といつも感じていたようだ．そういったわけでリンタロウさんも論文英語は負担に感じたという．それでも読むことがそれほど嫌でなかったのは，もともと話すことをたくさん練習したおかげで「吸収する下地ができていた」からだとリンタロウさんは思っている．

修士のころは先生から「読め」と言われた論文を読んで，研究室の輪読で日本語で発表していたが，一方で大学が「グローバリゼーション」に力を入れるのに伴い，リンタロウさんが勉強する大学では，大学院の授業が英語で行われることが多くなってきた．周りの院生は非常に苦労していたが，もともと留学するつもりだったリンタロウさんなので，英語で行われる授業はつらくはなかった．一方で目指していた留学はなかなか実現せず，結局は日本から出ずに博士を終えてしまった．日本の大学からの海外留学は時間や単位を犠牲にしなければできない，というシステムをリンタロウさんは嘆く．

■ ペーパーレスの論文執筆──複数場所に保存・安全に保存

リンタロウさんの論文の書き方も研究そのものと同じく際だってコンピュータ化されている．文献はもっぱら Google Scholar や Review Articles の References のなかから探す（第 4 章 p78　文献の探し方）．文献管理も Google Scholar でやっている．リンタロウさんの研究では lab notes を紙に

書くことはない．更新記録の残るプログラムで編集履歴を残すことがlab notesに相当する．特に多くの研究者がいっしょに解析をしているときには，「誰がいつどんな編集をした」という記録がトラブルの解決に不可欠だ．この記録には画像も含まれる．論文にするときにはこの記録をもとに書き上げていく．コンピュータに由来する記録の損傷事故を防ぐために論文は複数場所に保存する，データはデータ専用の安全性の高いクラウドに保存するなど最大限の注意をはらっている．

　参考文献もこのlab notesにタグをつけて埋め込み，論文データベースともタグで関連づけて「あのとき何考えてたんだっけ，何読んだんだっけ」と思い出すのに使う．さらにこういったやり方を，どんどん自分の使いやすいように進化させているという．リンタロウさん自身もここまでペーパーレスになったのは最近のことで，同じような研究をしている人でも，書くとなるともっとアナログな方法を好む人もいるということだ．

　このようなコンピュータ化された論文制作で怖いのは「うっかり剽窃」である．リンタロウさんもそれだけは絶対に防がなければならないので，コピペは絶対にしないというルールを作っている（第6章 p132　出典表記〈Citation〉で失敗しないために）．自分でプログラムが書けるという技術を生かして，うっかりでも剽窃が起こらないよう工夫をしている．

　実験系の研究と比べると，徹夜で観察しなければならないこともなく，労力的に楽なように見える分野だが，リンタロウさんにも苦労はある．「プログラムに間違いが発見される」というようなことである．これはラボでの事故に相当する「惨事」だという．

　リンタロウさんの取り組んでいる研究は基本は個人でやるものだ．結果については研究室のメンバーと議論するそうだが，同じ分野でも研究室によってリサーチの仕方はさまざまだそうだ．

■ キャプションは力の入れどころ

　前出の2人の科学者と違って，リンタロウさんは，論文は研究をしながら書いてしまうタイプである．リンタロウさんもIntroductionから書くこと

は決してない．Methodもまったく新しいものを書くことはほとんどないという．したがってまずResultsのセクションを，Figure（図）を貼ってキャプションをつけながら書く．リンタロウさんにとってキャプションは力の入れどころのようだ．Figureとキャプションをみただけで，だいたい何をやったのかわかるように書くことを心がけているそうだ．そしてFigureの一つひとつについてDiscussionも書いてしまう．すなわちResultsとDiscussionをまとめて一つのセクションで書くことになる．研究の性質上，結果の一つひとつに考察を加えて書くスタイルでないと，読む人にとってわかりづらい論文になってしまうからだ．Figureとキャプション，ResultsとDiscussionに力を注ぎつつ，Introductionに入れることも忘れないように書き留めておく．Methodは楽に書けるので「もう余力がなくなってきたな」というときに書く．そして最後に書くのがIntroductionだという．

　リンタロウさんは論文はいきなり英語で書いているが，先生との相談など研究に関する話は主に日本語でしている．日本語が母語でも，リンタロウさんは研究の話を日本語でするのはかえって負担に感じることもあるという．この分野は出版されている論文はほとんど英語である．日本語で説明をしようとすると，オリジナルの英語と日本語の間を行き来して訳さなくてはならない．訳すとニュアンスが伝わらないこともあってもどかしい．博士を取得して英語を書く力もかなり上がったリンタロウさんは，有料校閲は使っていない．指導教授に加筆訂正をしてもらったり，アメリカ生活が長かった先輩にポイントだけ見てもらってジャーナルに投稿している．

　このようにリンタロウさんの研究領域は日本人の研究者から見ると「英語度」が他の分野と比べても高いようだが，しかし論文の読者は英語が母語でないことが非常に多い．リンタロウさんの場合「誰が読者か」というイメージは初めからはっきりある．自分の投稿論文を誰が査読するかはだいたい見当がつくし，コメントを読むと査読者が誰かはっきりわかる場合もあるという．初めからその査読者をイメージしてつっこまれそうなところは気をつけてカバーしたりする．自分の論文を査読する人は英語のネイティヴということはあまりないとリンタロウさんは想像している．リンタロウさんはヨー

ロッパがベースのジャーナルに投稿しているが，査読者の国籍はアジアも含めさまざまである．日本にも高い水準の研究をしている人が多い分野なので，当然日本人の査読者もいるだろうとリンタロウさんは思っている．リンタロウさんの研究と近い分野では，中国の独壇場と思えるような研究テーマもあるそうだ．そのようなトピックでは中国人が英語で書いた論文を，中国人が査読をするということも多々あるだろうと想像される．

■ 読み手を意識してデータを可視化する

「書くこと」がリンタロウさんに与えた影響は大きい．人に読まれる論文を書くようになって，データを取るときに初めから「書くこと」を意識するようになった．また投稿論文を書いた経験のおかげで，データを可視化するのに読み手の目を意識する習慣がついた．書くプロセスのなかで読み手にとって合理的な画像の作り方を工夫する，ということだ．研究の途中でいい加減なデータを残していると，後で戻って作り直すのは大変である．そういうことを学ぶためにも「院生はなんでもいいから1回論文を発表することが大事だ」とリンタロウさんのような研究では言われている．

投稿論文には反響もある．リンタロウさんの場合，欧州ベースのジャーナルに出した論文に対して，ドイツからメールがきて「つっこまれた」そうだ．Publish or perish などといって，「研究論文がどんどんジャーナルに掲載されなければ未来はない」とばかりに厳しい指導をする研究室もあるが，リンタロウさんはたくさん投稿しなければならないというプレッシャーはあまり感じていない．それよりよいものをじっくり書いて多くの専門家が読んでくれるような，いわゆるインパクトファクター（文献引用影響率）の高いジャーナルに投稿できるように，というのが研究室の方針なのだそうだ．

column 04 I を使わないで書く方法

目黒 沙也香

　「客観的であること」は科学の重要な性質の一つである．そして，この性質は科学の記述にも反映される．科学的記述に客観性をもたせるために重要なことの一つとして，I や We といった一人称代名詞の使用を避けることが挙げられる．場合によっては I や We の使用が妥当とされることもある．しかし執筆する際，一人称代名詞を避けたい場面においてもその方法がわからないという事態に陥らないよう，ここでは I や We を使わずに文章を書くための方法を紹介する．

　まず I や We を用いた文を作ることはできるが，それをどのように書き換えればよいかわからない，という場合を想定したい．このとき，書き換えにおいて重要なのがパラフレーズ（paraphrase）である．パラフレーズとは，元の表現の意味を保ちながらも，別の語句で言い換えた表現のことである．このパラフレーズをすることによって，同じ意味の内容をいろいろな表現で伝えることができる．

　パラフレーズをする際のポイントの 1 つ目が名詞化（nominalization）である．名詞化とは，たとえば以下のように動詞，形容詞，あるいは副詞を同じ意味をもつ名詞で表すことである．

to investigate	→	investigation
to describe	→	description
frequent/frequently	→	frequency

この名詞化によって，動詞や形容詞，副詞として表していた内容を，名詞句として主格や目的格において使うことが可能となる．

1a) Ebola cases rose dramatically.
1b) There has been a dramatic rise in Ebola cases.

　1a) では，エボラ出血熱の感染者数が「急激に上昇した」というように動詞 rose（原形 rise）と副詞 dramatically を用いている．この動詞 rose を名詞化し rise に，副詞の dramatically を dramatic と形容詞にすることによって，1b のように a dramatic rise という名詞句にパラフレーズすることができる．1a のように

動作を動詞で表す文よりも，1b のように動作を名詞句で表現すると文がややフォーマルになることが多いため，ニュースなど客観性が必要とされる他分野でもよく使用される．

さらにこのような名詞化によって I を避けることも可能となる．

2a) I aimed to examine correlation between carbon oxide and temperature.
2b) The aim of this study was to examine correlation between carbon oxide and temperature.
2c) The present study aimed to examine correlation between carbon oxide and temperature.

2a では主格に I を使用し，動詞に aim を用いている．この I を避けるため，2b のように動詞 aim を名詞 aim とし，主格として使用する．そうすれば，「私は～を試みた」という表現を「本研究の試みは～である」という同様の意味を保ちながらパラフレーズすることが可能となる．ちなみに，2c のように主格を I でなく the present study に置き換え，「本研究は～を試みた」という表現にパラフレーズすることで I を避けることもできる．また，名詞化された語の類語を用いることにより，元の意味が変化しない範囲で表現にバラエティをもたせることもできる．たとえば，2b における主格 the aim であれば the purpose などに置き換えることができる．

パラフレーズの 2 つ目のポイントは，受動態（passive voice）である．受動態によって，「A が B を C した」という能動の文を「B は（A によって）C された」と言い換えることができ，もともと主格であった部分を記述しないという選択もできる．たとえば，以下のように一人称 We を避けることができる．

3a) We were able to show that the drug lowered the risk of death or hospitalization by 20 %.
3b) It was shown that the drug lowered the risk of death or hospitalization

column 04　I を使わないで書く方法

by 20 %.

　3a では主格に We，動詞に were able to show を用いているが，3b のように受動態にすることで It を主格に，was shown を動詞にし，3a において We であった部分の by us を省略することができる．ここで受動態の形にすることで We を避けるだけでなく，文章の焦点を「(発見した) 私たち」でなく，that 節の内容，つまり発見された事柄に当てるということも可能になっている．

　パラフレーズする際に，英語で作文することに慣れていない場合は，日本語を使うことで深く思考できることもある．よって，「私は」という表現を避けた日本語文を先に考え，それを英文にしてみるというのも一つの手である．
　本コラムで紹介した一人称代名詞の使用を避ける方法は，たくさんあるやり方のなかのほんの一部であり，執筆を経験するなかで，さまざまな方法を身につけていくことが大切である．また，今回「I や We を避ける」ということに焦点を当てたが，これは決して「I や We を使うこと自体が悪い」というわけではない．たとえば，プレゼンテーションという形で研究発表を行う場合では，I などの一人称代名詞を用いることは一般的である．大切なのは，場面に応じて適切な形式をとることであるということを常に意識したい．

第6章

引用と出典の記載
――執筆上の「不正」をしないために

片山晶子

本章では英語で論文を執筆する際に「不正」あるいは「不適切」とみなされる書き方を防ぐための基本的なルールと注意点について述べる．研究に関する不正や不適切な行為としては，たびたび社会問題にもなっているデータの捏造や改ざんなど，実験内容やデータの扱いそのものに直接かかわる問題が頭に浮かぶかもしれないが，実験自体の適切さ，データの真正性の保全に関しては，それぞれの分野で解決すべき高度で専門的な研究上の問題を含むので本書では取り上げない．この章では英語科学論文の執筆スタイルのルール，文献の適切な引用，そして文献の管理を中心に述べていくことにする．

しかし，研究そのものの不正も研究の報告である論文執筆上の不正も，ルールに関する知識の不足，解釈の相違，さらには競争が生み出すプレッシャーが背景にあるという点で共通している．この章では科学研究という社会的行為の性質についても触れつつ，英語で研究を発信する際の責任としての「引用」と「出典記載」について説明する．

徹底した「見える」化

第 2 章「科学論文の構成」を見てもわかる通り，科学研究のレポートである論文には「すでにわかっていること」と「まだわかっていないこと」を明示して，これから報告しようとする研究の位置づけや意義を説明するのが「型」である．「わかっていること」と「わかっていないこと」そして「自分たちの研究が解明しようとしていること」をくっきりと分けて読者に説明するため，かなり定型化された書き方が出来上がっていることは第 2 章で述べられている通りだ．特にすでに発表されている研究については，先行研究として「いつ」，「どこで」，「誰が」，「何を」言っているのかを，読者が探せる形にして報告し，その上で過去のそれらの研究ではわからなかったことを自分たちの研究がどのように解明したかを「物語る」のが論文である．そしてその「物語」に書かれている事実はすべて出所と真偽を検証できるよう「見える」化しなければならない．

第 1 章「科学論文とは何か」でも述べられている通り，科学研究は「巨人の肩」に立って行われている．研究者になったということは，連綿と続く科学の歴史のなかで多くの先人が積み上げ，現在も世界中の同僚が日夜構築の作業を続けている科学という名の「塔」の一部を作ることである．初めての研究に取り組んでいるときに，この時空を超えた巨大なグループ作業のイメージをもつことは難しいかもしれない．多くの大学院生は初めて英語で論文を書くとき，文献記述の句読点の種類や位置まで細かく規則化している執筆ルールの煩雑さにうんざりすることだろう．しかし，何年か研究生活をして，たくさんの先行研究に触れ，自身も実験に成功したり失敗したりするうちに，科学の「塔」の構築を間違いなく進めるためには，自分以外の人がルールを守ってくれないと自分がうまく働けない，ということが次第に実感としてわかってくる．「英語で書かなければならない」ということもそのルールの一つだ．母語でない言語で論文を書くのは，英語母語話者でない世界中の大多数の科学者にとっては程度の差こそあれ負担である．ルールはその負担を軽減し，誰が書いて誰が読んでも短時間でわかる論文にするためにある，と考えることもできる．このルールがあってこそ，たとえ母語を異にする研究者でも同じ作業をする者同士で，早く正確な情報の共有が可能になり，顔も姿も見えない世界のどこかの研究者と一緒に「塔」の建設ができるのだ．さらには，皆がルールを熟知しているからこそ，科学を脅かす論文の不正の問題にも，何が不正なのかというコンセンサスも含めて共同で対処することができる．

 学術論文のスタイル

科学論文は研究分野によって草稿のスタイルが異なる．スタイルとは，その分野の多くのジャーナルが指定している論文草稿の書き方の手引きである．大学院に提出する学位論文もスタイルの指定がある場合がほとんどである．ACS（American Chemical Society）スタイル，APS （American

Physical Society）スタイル，APA（American Psychological Association）スタイルなどはそれぞれの分野で影響力のある学会が定めているもので，詳細な文献引用や出典記載の方式がマニュアル化されている（例 ACS Style Guide 3rd Edition）．表（Table）や図（Figure）のつけ方，キャプションについても指示がある．また学会だけでなく Nature や Science など総合科学雑誌も独自のスタイルを定めている．

それぞれのスタイルにおいて表記することを義務づけられている要素は大きくは違わないが，表記の場所や表記方法には多少の相違点がある．著者と読者にとってもっとも影響が大きい違いは，論文で使用した文献表記の仕方である．科学論文の場合，引用文献のほとんどの出典は他の科学論文である．以下，出典がジャーナル掲載の論文の場合を例に，典型的な出典表記スタイルについて説明する．

■ 番号順かアルファベット順か

論文内で引用する文献は，必ず2か所に表記をする必要がある．論文のなかのどの部分が引用かをまず本文中に示し，同じ文献を文末の文献リストに再度記載する．文末のリストでは，読み手がその文献を見つけられるよう，詳細情報を提供するという仕組みになっている．まれにリストとしてではなく脚注に文献の出典を表記することもある．文末の文献リストの並べ方にはアルファベット順と番号順の2種類がある．上記の APS・Nature 誌・Science 誌は番号順である．医学系の論文も Vancouver スタイルという番号順の方法を使用しているものが多い．一方で ACS スタイル・APA スタイルはアルファベット順である．

文献リストが番号順の場合は本文中には出典の情報は入れず，文献の登場箇所に順に番号だけを記し，文末にその番号順で詳細な出典表記をする．出典表記に必要なのは著者の姓と名（名は多くはイニシャルだけ．ミドルネームがある場合そのイニシャルも含む．例の番号順〈文献リスト〉，番号順〈本文〉参照）・出版年・論文タイトル・ジャーナル名（ジャーナルには決まった略称がある場合も多い）・ジャーナルの巻・ページさらにオンライン版の論文には

URLやDOI（Digital Object Identifier）の記載が指示されている場合もある．

アルファベット順の場合，本文にはin-text citationとして第一著者の姓と出版年というような簡単な情報をカッコつきで記す．そして末尾の文献リスト（References）では，どのような順で登場したかに関係なく引用文献は第一著者の姓の頭文字で，アルファベット順に並べて記載する．

最近ではウェブ版の論文の場合，リンクを貼ることができるので，文中カッコの出典情報や出典番号をクリックすれば文献情報が示されるようになっているジャーナルサイトが多い．

文献リストと文中の出典表記の対応——番号順文献リストの例

下記は，Nature Neuroscienceに掲載されたDaltonらの研究で，匂いの感じ方と男女差を検証した論文の文献リストである．以下のように番号で出現順に並んでいる．やはり著者の姓と名前のイニシャルが記載されているがアルファベット順に並んではいない．

例 番号順（文献リスト）

1. Wysocki, C. J., Dorries, K. M. & Beauchamp, G. K. *Proc. Natl Acad Sci USA* **86**, 7976–7978 (1989).
2. Voznessenskaya, V. V., Parfyonova, V. M. & Wysocki, C. J. *Adv. Biosci.* **93**, 399–406 (1994).
3. Cain, W. S. *Chem. Senses* 7, 129–142 (1982).
4. Stevens, J. C., Cain, W. S. & Burke, R. J. *Chem. Senses* 13, 643–653 (1988).
5. Dalton, P., Doolittle, N., Nagata, H. & Breslin, P. A. S. *Nature Neurosci.* **3**, 431–432 (2000).
6. Doty, R. L., Huggins, G. R., Snyder, P. J. & Lowry, L. D. *J. Comp. Physiol. Psychol.* **95**, 45–60 (1981).
7. Pietras, R. J. & Moulton, D. G. *Physiol. Behav.* **12**, 475–491 (1974).

> 8. Dhong, H. J., Chung, S. K. & Doty, R. L., *Brain Res.* **824**, 312–315 (1999).
> 9. Gower, D. B., Holland, K. T., Mallet, A. L., Rennie, P. J. & Watkins, W. J. *J. Steroid Biochem. Mol. Biol.* **48**, 409–418 (1994).
> 10. Dorries, K. M. in *The Science of Olfaction* (eds Serby, M. J. & Chobor, K. L.) 245–278 (Springer, New York, 1992).
> 11. Fiedler, N. & Kipen, H. *Environ. Health Perspect.* **105**, 409–415 (1997).
> 12. Wedekind, C. & Furi, S. *Proc, R. Soc. Land. B* **264**, 1471–1479 (1997).
> 13. Porter, R. H., Cernoch, J. M. & McLaughlin, F. J. *Physiol Behav.* **30**, 151–154 (1983).
>
> Nature *Neuroscience*・Volume5 No3・March 2002
> (Dalton et al., 2002)[1]

次に示す通り本文にはシンプルに番号が記されているだけだ．しかし3という番号が記されている場所より前の一節の出典は上のリストをみればCain, W. S. が1982年にChemical Senses（Chem Sensesはこのスタイルで決められている略称）というジャーナルに発表した論文であることがわかる．

例 番号順（本文）

> Robust gender differences in olfactory ability are largely restricted to aspects of olfactory processing that require higherlevel cognition, such as odor identification or odor memory[3], which lends credence to the view that human olfactory sensitivity is relatively unaffected by neuroendocrine influences. Most (Dalton et al., 2002)[1]

文献リストと文中の出典表記の対応──アルファベット順文献リストの例

Cell誌はアルファベット順に文献リストを並べている．以下の例はTakahashi and Yamanakaの文献リストの冒頭である．たとえば4番目のBoyerらの研究は本文では最後のセクションDiscussionの冒頭に登場する．

第一著者の Laurie Boyer の姓と「その他」を意味するラテン語の et al そして出版年のみが記されている.

例 アルファベット順

> **REFERENCES**
>
> Adhikary, S., and Eilers, M. (2005). Transcriptional regulation and transformatoin by Myc proteins. Nat. Rev. Mol. Cell Biol. *6*, 635-645.
>
> Avilion, A. A., Nicolis, S. K., Pevny, L. H., Perez, L., Vivian, N., and LovellBadge, R. (2003). Multipotent cell lineages in early mouse development depend on SOX2 function. Genes Dev. *17*, 126-140.
>
> Baudino, T. A., McKay, C., Pendeville-Samain, H., Nilsson, J. A., Maclean, K. H., White, E. L., Davis, A. C., Ihie, J. N., and Cleveland, J. L. (2002). c-Myc is essential for vasculogenesis and angiogenesis during development and tumor progression. Genes Dev. *16*, 2530-2543.
>
> Boyer, L. A., Lee, T. I., Cole, M. F., Johnstone, S. E., Levine, S. S., Zucker, J.P., Guenther, M. G., Kumar, R. M., Murray, H. L., Jenner, R.G., et al. (2005). Core transcriptional regulatory circuitry in human embryonic stem cells, Cell *122*, 947-956.
>
> Bromberg, J. F., Wrzeszczynska, M. H., Devgan, G., Zhao, Y., Pestell, R. G., Albanese, C., and Dernell, J. E., jr. (1999). Stat3 as oncogene. Cell *98*, 295-303.
>
> Burdon, T., Stracey, C., Chambers, I., Nichols, J., and Smith, A. (1999). Suppression of SHP-2 and ERK signalling promotes self-renewal of mouse embryonic stem cells. Dev. Biol. *210*, 30-43
>
> (Takahashi and Yamanaka, 2006)[2]

> **DISCUSSION**
> Oct3/4, Sox2, and Nanog have been shown to function as core transcription factors in maintaining pluripotency (Boyer et al., 2005 ; Loh et al., 2006).　Among the three,…　　　　　(Takahashi and Yamanaka, 2006)[2]

　番号順でもアルファベット順でも記載が必要な要素に大きな違いはないが，一般的に長い論文はアルファベット順のほうが使用文献を探しやすい一方で，短い論文で引用文献が少ない場合は番号順のほうが便利だという印象がある．ちなみにDaltonらの論文はNature NeuroscienceにBrief Communicationsとして掲載された2ページほどの非常に短い報告で，この13本が出典のすべてである．対照的にTakahashi and Yamanaka（2006）はフルサイズの論文で，およそ50本の文献がリストされている．

著者名の重要性

　科学論文の「見える」化には，著者がどこの誰なのか間違いなく見つけられるということも含まれる．ほとんどの自然科学のジャーナルでは著者名は姓名両方ではなく姓だけ表記して名（ファーストネーム，あればミドルネーム）はイニシャルだけの表記になる．文献管理ソフト（第4章 p90　文献管理ソフト）を使えば普通はあまり間違いは起こらないはずだが，それでもたまに学生の書いた論文の文献リストや文中の出典に名前の誤表記を見かけることがある．多いのは姓と名の取り違えや，ファーストネームとミドルネームのイニシャルの順番間違えである．科学論文にとって姓はその研究者を見つけるための非常に重要なIDラベルである．研究者である限り，たとえ戸籍上の姓が変わってもひとたび研究論文を発表し始めたら，キャリアの途中で変えることは普通はしない．それほど大切なIDに誤りがあれば著作を見つけることができなくなる恐れがある．日本以外の国の著者の名前の場合，どれが姓でどれが名なのかわからないときには，必ず確認するべきである．

また自分の氏名のアルファベット表記も一定にしておくべきである．たとえば近田（チカダ）という姓を，あるときは Tikada と綴り，またあるときは Chikada と綴ったら頭文字すら変わってしまい，混乱の元になる．ほとんどの日本人研究者は音声により忠実なヘボン式ローマ字で名前を表記している（第4章 p86 著者名がわかっている場合）．口頭発表では論文は第一著者の姓と出版年でよばれるので，実際の音に近い綴りがわかりやすい．ノーベル賞受賞者の益川敏英博士のようにヘボン式であれば Masukawa となるところを，さらに実音に近い綴りの Maskawa としているような例もある．いずれにしても研究者としての生涯を通じて自分の論文が検索可能なように同じ姓・同じ表記で発表することが大切である．

文献の引用と出典の記載

さて科学論文で他の研究を引用しなければいけないことは知識としてわかっていても，何をどのように引用するかは，研究をし始めのころはなかなかはっきりしない．時には熟練の研究者でも，「えっ，こんなこと誰でも知ってるのに出典を書けって何だよ！」とジャーナルから返ってきた投稿論文へのコメントを見て憤慨することもある．科学論文の読者は自分と同じ分野の研究をしている人であることがほとんどではあるが，自分と同じ国で似たような学校教育を受けてきた人でないことも多々ある．当然読者が「当たり前」と思うことも同じではない．初心者のうちは，科学論文の中身は「この研究」と「この研究ではない」の2つの部分に分かれていて，「この研究ではない」の部分はたとえ先行研究ではない一般的事実と思われることでも，ほぼ必ず出典表記が必要だ，というぐらいの気持ちでいて間違いない．

用語やその定義も注意深い出典表記を要求される．オートファジー（自食）は大隅良典博士（2016年にノーベル医学生理学賞を単独受賞）によってその仕組みが解明された．細胞がタンパク質の分解をする際の現象であり，同じ分野で研究をしている科学者はその定義を誰でも知っていると思われる重

要な発見である．にもかかわらず2004年にNatureのLetterのセクションに掲載されたKumaらのThe role of autophagy during the early neonatal starvation periodという論文はいきなり以下の文で始まり3つもの出典文献を記載している．

> Autophagy is an intracellular, bulk degradation process in which a portion of cytoplasm is sequestered in an autophagosome and subsequently degraded upon fusion with a lysosome[2-4].　　　(Kuma et al., 2004)[3]

> 2. Cuervo, A. M. Autophagy: in sickness and in health. Trends Cell Biol. 14, 70–77 (2004).
> 3. Levine, B. & Klionsky, D. J. Development by self-digestion: molecular mechanisms and biological functions of autophagy. Dev. Cell 6, 463–477 (2004).
> 4. Mizushima, N., Ohsumi, Y. & Yoshimori, T. Autophagosome formation in mammalian cells. Cell Struct. Funct. 27, 421–429 (2002).　　　(Kuma et al., 2004)[3]

ちなみにこのKumaらの論文は大隅博士も共著者であり，この定義の出典論文として挙げられている2・3・4の文献のうち4番も大隅博士が共著で書いたものである．いずれも出版年が本論文と近いことから当時の最新の研究だったのだろう．その3つの出典の説明を要約して上記のように定義したものと思われる．科学論文の出典表記の周到さがよくわかる例である．

引用の三態

科学論文を書くときには先行研究も含め，他の著者が書いたさまざまな文献を引用する．時には自分の著作や共著者の論文を引用することもある．自

分が書いたものでも「この研究ではない」からである．一般に引用には3つの方法がある．以下，その特徴と注意点について説明する．忘れてはならないのは，どの方法も今書いている論文ではない別の文献を引いていることに変わりはないので，必ず所定の方式で出典を明らかにしなければならないということだ．たとえ要約したり書き換えたりしていても，読者が元の論文を参照できるよう，その出典を文中と論文の末尾に必ず示さなければならない．引用元が自著であっても同様である．もう一つ大切なことは，引用していない文献はたとえ熟読してなんとなく参考にしたからといって出典リストに載せてはならない，ということである．

■ 要約（Summary）

科学論文で最も多い引用形式は要約（Summary）ではないだろうか．第2章で詳しく述べられている通り，科学論文では研究の背景を説明するのに多くの先行研究を要領よく手短に紹介しなければならない．またデータやその分析について記述するときも先行研究を引き合いに出すことがある．Discussion のセクションでも他の研究に言及することがある．そのような場合，自分の論文のなかでの用途に合わせて，オリジナルが伝えている事実は変えることなく，必要な内容を短い言葉で説明することになる．

以下，Pelchat らが発表した論文を例に3種類の引用の仕方について解説する．この化学と知覚の研究では，アスパラガスを食べると尿がイオウ臭になるという現象について，イオウ臭を発する個人差とその臭いを感じる個人差について調査している．

この論文の Abstract には以下ように記されている．

Odor sensitivity can change with repeated exposure to the odorant (Wysocki et al. 1989; Dalton et al. 2002), so someone who cannot produce the asparagus odor might be less able to smell it because they have less experience with the odor from their own urine.

(Pelchat et al., 2010)[4]

マーカーの部分の末尾にはWysockiら (1989)[5] とDaltonら (2002)[1] の研究からの引用であることが記されている．ではオリジナルはどのような研究だったのかDaltonらのTitleとAbstractを見てみよう．以下のように研究全体が説明されている．

Gender-specific induction of enhanced sensitivity to odors.

Induction of olfactory sensitivity in humans was first illustrated when men and women who were initially unable to smell the volatile steroid androstenone (5alpha-androst-16-en-3-one) developed that ability after repeated, brief exposures. Because this finding has not been replicated with other compounds in humans, it has been assumed that olfactory induction is a narrowly constrained phenomenon, occurring only in individuals with specific anosmias, perhaps only to androstenone (compare ref. 2). Here we show that induction of enhanced olfactory sensitivity seems to be a more general phenomenon, with marked changes in olfactory acuity occurring during repeated test exposures to several odorants among people with average baseline sensitivity to these compounds. This increased sensitivity (averaging five orders of magnitude) was observed only among females of reproductive age. These observations provide convincing evidence that female olfactory acuity to a variety of odorants can vastly improve with repeated test exposures. They also suggest a sensory basis for the anecdotal observation of greater olfactory sensitivities among females and raise the possibility that the olfactory-induction process may be associated with female reproductive behaviors such as pair bonding and kin recognition.

(Dalton et al., 2002)[1]

Daltonらの研究は明らかに嗅覚の男女差を調査しようとしているが，Pelchatらの研究では性差は無関係なので，「反復して臭いにさらされるこ

とで嗅覚が発達する」という部分のみを取り上げて要約し引用している．

要約では上記のように論文の目的に合わせて必要な情報を引用元から取捨選択して使うことになる．そのときに自分の研究に都合のいいように事実を歪曲したり誇張したり，不適切な取捨選択で印象が大きく異なるものにすることは許されない．

■ 書き換え（Paraphrase）

「書き換え」（Paraphrase）は自然科学の論文では「要約」（Summary）ほど頻繁ではないかもしれないが，使われることはある．Paraphraseとは原文の意味内容を変えることなく違う文型や語彙を使って言い換えることである．要約と異なり，長さもオリジナルとだいたい同じぐらいになる．引用元の論文のなかから特定の記述を自分の論文のなかに使いたいときに用いられる．

前述のPelchatらの論文のSubjects（研究対象）の項に以下の記述がある．

Pregnant women and people younger than 18 years of age or older than 65 years of age were excluded from participation. (Pelchat et al., 2010)[4]

内容が近似ながら研究参加者が異なる実験をして論文を書いた場合を想定してみよう．Pelchatらの上記の部分は先行研究を説明するため引用する必要がある．しかし自分が書いているMethodのセクションの文の流れから，そのまま直接引用をすると不自然である．そこで「書き換え」を行うことにする．

例 書き換え

> In Pelchat, et. al (2010), the participants were adults between the ages of 19 and 64 excluding pregnant women. However, in order to investigate the adolescents' sensory characteristics, the present study included teenagers between 13 and 18.

英文を書くことに慣れていないと，書き換えは必ずしも容易ではない．なかにある単語をいくつか類義語に差し替えただけでは書き換えたとはいえない．内容を単語だけでなく文型を変えたり単語を足したり削ったりして違う言い方で表す（コラム「簡潔な文の書き方」〈p73〉）．そうすることによって，自分の論文のなかにもってきたときに文脈によく馴染んで，より明確に引用元が言わんとしていた中身が伝わるのが理想的である．まれに不必要に難解な単語を使って原文をParaphraseしているため，読みづらい不親切な書き換えの例を見る．明解で誤解を生まない書き方が尊ばれる科学論文の基本からすると，書き換えることによってより難しくなったら失敗である．

　要約や書き換えは，著者が先行研究や参考文献をよく読み込んで，自分の頭で情報をプロセスし，十分理解した上で自らの研究に生かしていることを示す役割も担っている．著者が引用した研究をよくわかっていて，読者のためにそれを簡略に，しかしポイントを抑えて説明をしてくれるので，読者は短い時間で研究の背景や，すでにわかっている事実を理解できるのだ．文献の一部を選択してコピーし，自分の論文に貼りつけるいわゆる「コピペ」ならば中身をろくに読まなくても2,3秒で写せて情報もそれなりに伝わるかもしれないが，科学論文の報告の仕方には根本的にそぐわない．そもそも他者の研究，他者の知識を自分の論文のなかで自分の言葉で改めて語らなくては「何がわかっていて」「何がわかっていないのか」そしてこの研究が「何をわかろうとしているのか」この3大「何」を読者に正確かつ手短に説明することはできない．

■ 直接引用（Direct quote）

　ではコピペはまったくしないのか，というとそうではない．引用元の論文から一語一句変えずに引用することを直接引用（Direct quote）という．自然科学の論文では直接引用を実際に使うことはまれだが起こりうる．それは直接引用でなければ正確さやオリジナルのニュアンスが失われてしまう場合である．例を見てみよう．前述のアスパラガス摂取による尿の臭いの変化の感知についての研究，PelchatらのIntroductionに以下のようなくだりがある．

例

> The unusual odor elicited by human urine after asparagus has been mentioned over the years; for instance, Benjamin Franklin noted that "a few stems of asparagus eaten shall give our urine a disagreeable odor" (Franklin and Japikse 2003), and Proust wrote more favorably that asparagus "as in a Shakespeare fairy-story transforms my chamber-pot into a flask of perfume" (Proust 1929). (Pelchat et al., 2010)[4]

　第2章でも述べられているように，Introductionでは読者の注意を引く導入がよく用いられる．著者はアスパラが尿の臭いに影響を与えることが，古くから知られていたことを示すために，政治家・科学者で文筆家でもあったベンジャミン・フランクリンや，大長編『失われた時をもとめて』で有名な文豪マルセル・プルーストの著作からこの奇妙な現象に言及した箇所を引いている．歴史的に有名な著述家のオリジナルを書き換えてしまっては，Introductionにわざわざこの引用をする効果は失われてしまう．直接引用がどうしても欲しいところだ．

　先行研究の論文の一部を一語一句変えずに引用することが，自分の研究を説明するのに不可欠である場合もまれにはある．その場合はまさしく「コピペ」だけが許される．たとえ綴り，文法などに誤りがあると思われるところも勝手に直さず sic（ラテン語の thus. 原文のママの意）と記してそのまま引用することになっている．直接引用された箇所はほとんどの引用スタイルで二重の引用符 " " でくくられ，すぐ後に（　）で著者，著作年等が示される．

　繰り返しになるが，直接引用は非常にまれで，原文をそのまま使う強い理由がない限り避けるべきである．冗長な直接引用にはどうしても無駄な情報も含まれて，今読んでいる研究との関連について読者を混乱させる恐れもある．

■ 孫引きを避ける

　前述の3つの引用方法は，すべて直接自分の目で文献に当たった場合に許される．いわゆる「孫引き」といって，二次資料すなわち引用元ですでに引用文献として使われている論文などを，原文を直接読まず引用することは原則として避けるべきである．万が一引用しようとしている二次資料に誤りがあったり，実は引用するには適切な文献でなかったとしても検証ができない．そして知らないうちに誤りを拡散したり，不適切な引用を自分の論文に長く残してしまう恐れがある．億劫がらずに必ず原典を探し当てて，直接そこから引用をすべきである．原文献が消失しているなどの理由でどうしてもアクセスできないときには，それぞれのスタイルや学術誌が定める方法で二次資料を使うこともある．それでも「孫引きでもやむをえない」と読者が納得できる理由が必要である．

間違いを防ぐための工夫
―過って剽窃・盗用をしないために

　「剽窃」や「盗用」という言葉の一般的意味には明確な悪意が含まれているようだが，実際に論文執筆で起きる剽窃・盗用相当の行為は，不注意や規則に関する知識の不足，そして締め切りや競争のプレッシャーなど，誰にでも起こりうる状況に起因する場合が多い．研究者として査読のあるジャーナルに研究を発表するようになったら，万が一剽窃や盗用とみなされる行為があった場合，原因は斟酌されない．それは科学という多くの人が膨大な時間とエネルギーを注ぎ込んでいる壮大なプロジェクトにとっての脅威だからだ．そのため「科学者としての高い倫理観」というような抽象的な精神論だけに訴えるのではなく，具体的な防止策を，個人または研究グループ単位でも研究室や研究機関という組織単位でも講じなければならない．引用の誤りを防ぐために，次に文献管理と出典表記について解説する．

文献管理

　一つの研究をするために読む先行研究や参考文献の量は多い．長く続けていると当然文献の数は膨大になっていく．かつては書棚やダンボール箱で整理していた論文も今はほとんどの研究者が文献管理ソフトウェアや独自のクラウド・コンピューティングで整理活用している．大学院に入って研究生活を始めたら，そのフィールドで最も一般的な文献管理の方法を早く学んで，必要なときに必要な文献や資料がすぐ目の前のコンピュータスクリーンに現れるよう，文献検索や管理のスキルを身につける必要がある（第4章参照）．研究論文の発表は多くの分野で競争が激しく，1分でも早く論文を書き上げ，ジャーナルに出さなければいけないというプレッシャーと戦っている最先端の分野もある．時間の節約のためにも，出典表記の誤りを防ぐためにも，文献を文献管理ソフトウェアで整えることは，現在では一般的になっている（第2章 p42　References）．文献管理ソフトにはかなり高額のものから無料のものまで多々あり，機能もまちまちである．どれが自分の研究に最適か，研究室の先輩や指導教官と相談して選ぶことになる．文献ソフトを使ってする作業は分野や研究の性質，個人の執筆スタイルによって異なる．テクノロジーの進歩で，できることもどんどん進化しているが，現在のところ典型的なものは次の通りだ．

- 多くのジャーナルは掲載論文のページに Export Citation，Export References というボタンが用意されており，そこから自分の文献管理ソフトに文献情報を取り込むことができる．
- 取り込んだ文献情報には論文の重要性に応じて Abstract，Keywords なども記録しておける．また自分がどこをどのように引用するか，したかなども note として保存することができる．ここに引用箇所を自分なりの要約，書き換えで保存しておくと論文執筆のときに役に立つ．論文そのものを PDF で貼りつけておくことも可能である．

- 論文を執筆時に，書きながら自動的に文中と文献リスト両方に指定のスタイルで出典をアウトプットすることができる．こうすれば文中の出典表記と文献リストに不一致が起こることを防げる．
- 文献情報データを研究者間でやりとりすることができる．

文献管理ソフトの種類や特色については第4章に詳述されているが，大学の図書館などで講習会が開かれることも多いので，そのような機会を利用して早いうちに使い方に習熟し，また，ソフト自体の進化にもついていくように心がけたいものである．

出典表記（Citation）で失敗しないために

要は他人の研究は出どころを書けばいいんでしょ，と思う人もいるかもしれないが，実際は「論文に書いてある事実という事実は，すべて出どころを明らかにしなければいけない」というぐらいに出典表記のルールは厳しい．出典を表記することが必要かそうでないか迷うことは，ある程度論文執筆を経験してもままある．「迷ったら出典を表記する」と教えている論文執筆指導者もいる．出典表記をして罰せられることはないが，書かなかったことによって，規則違反になることは大いにありうるからだ．

悪意はなくても文献の整理の過程での過誤は起こりうる．一つの研究をして論文を書き上げるために読む文献は膨大である．多くの研究者は論文を読んだら引用をしたいところをメモの形でまとめているが，この段階で誤って剽窃，盗用をしてしまわないように，自分にあった一貫したシステムを作っておく必要がある．どれが先行研究の論文からのコピペでどれが自分で書き換えたものかわからない状態だと間違いが起こりやすい．人によってはメモのなかのコピペの部分は絶対に色を変えておいて，草稿のなかでもコピペ部分があったら最後まで色分けしておく，という人もいる．直接引用は赤，要約と書き換えは緑というようにして「この研究」と「この研究ではない」を

区別するという．

　文献管理ソフトを始めとするコンピュータの助けで，間違いを防ぐこともすべて手作業であった昔に比べれば容易になっているはずである．しかし，コンピュータに頼りすぎたゆえの誤りも多い．コンピュータソフトに入力してある情報には間違いがないものとつい過信して，長い間いつも誤った出典をつけていた，というような例を聞くことがある．最後は「人間の目」でチェックする，ということを忘れてはならない．特に共著の場合，著者として名を連ねたら，論文の始めから最後まで著者全員に責任がある．大学に提出する前に，あるいはジャーナルに投稿する前に，誤りやルール違反がないか，つぶさに読み込まなければならない．第5章のダイゴさんのケース（p99）でも紹介されている研究室でお互いの論文草稿を読み合うという方法は，不正の予防に大変効果がある．こうして指導者，先輩，同輩，後輩と論文を読み合ううちに，必要な執筆ルールや研究の性質に合った不正の予防策が身についていく．

　以上，研究論文に欠かせない引用と出典表記，そして不正防止のための注意について論じてきた．研究を始めたばかりの初心者は，英語で論文を書くだけでも負担なのに，その上，執筆上のルールの多さにこの章を読んだだけでも目が眩む思いかもしれない．

　ある熟練の研究者にどうやって英文の要約や書き換えを学んだのか聞いてみたら，「自分だけでなく，ほとんどの研究者は同じ研究を何年も何十年もやっているので，先行研究は自分なりの『要約』で頭に入っているんです．その重要なポイントも何回も自分の論文に引用しているから，自分なりの言い換えで頭の中に整理されています」という答えであった．論文の執筆が小手先の練習ではなく，研究という行為そのものと一体となっていることがよくわかる答えである．

　ルールの多さを恐れる必要はないが，ルール違反は大いに恐れるべきである．第5章で登場した化学者のタカコさんも言っていた通り，研究者として投稿した論文を「不正」が原因で取り下げるのは，非常に恥ずかしくつらいことである（p103）．ほとんどの研究者は絶対に不正をしないよう，細心の

注意を払っている．一人の科学者の不正が与えるダメージは，時としてそのフィールド全体におよぶ．それが研究上のデータの捏造であっても，執筆上の不適切な引用であっても，研究者は「研究者の不正」に非常に厳しい．前出のベテラン研究者に研究や論文の不正についてどう感じるか聞いたところ，日ごろ温厚でおとなしいその研究者がきっぱりと「冒涜です！　許せません！」と強い語気で断じた．研究者にとって不正は，同じ分野で事実を追求するために日夜困難な研究と取り組む同僚に対する最悪の裏切りであり，みんなで築いている「塔」の柱の1本を腐らせ，「塔」そのものを瓦解させる行為なのである．

References
1. Dalton, P., Doolittle, N., Breslin, P. A. Gender-specific induction of enhanced sensitivity to odors.Nat Neurosci. 2002；5(3)：199-200.
2. Takahashi, K., Yamanaka, S. Induction of pluripotent stem cells from mouse embryonic and adult fibroblast cultures by defined factors. Cell 2006；126(4)：663-76.
3. Kuma, A., Hatano, M., Matsui, M., Yamamoto, A., Nakaya, H., Yoshimori, T., Ohsumi, Y., Tokuhisa, T., Mizushima, N. The role of autophagy during the early neonatal starvation period.Nature. 2004；432(7020)：1032-6.
4. Pelchat, M. L., Bykowski, C., Duke, F. F., Reed, D. R. Excretion and perception of a characteristic odor in urine after asparagus ingestion: a psychophysical and genetic study. Chem Senses. 2011；36(1)：9-17.
5. Wysocki, C. J., Dorries, K. M., Beauchamp, G. K. Ability to perceive androstenone can be acquired by ostensibly anosmic people. Proc Natl Acad Sci U S A. 1989；86(20)：7976-8.

column 05 読者の心をつかむイントロ

林田 祐紀

　このコラムは自分には関係ない．読者にそう思われたら，このコラムは読まれない．なんとか出だしで読者の関心を引こう．これは書く側の視点であるが，論文を読んだことがあれば，まずは要旨やイントロの最初だけを読んでみて，続きを読むかを考えたことがある人も多いだろう．読みたくなるイントロを書けているかどうかは最初にかかっており，そこで読者の心をつかむ必要がある．

　学部生のイントロを読んでいて感じることが多いのは，イントロの general → specific という型にはめているものの，読者のことを考える姿勢がうかがえないことである（もちろんこの型で書くことは大前提である）．ライティングセンターのチューターである私が学生に「このペーパーは誰が読むことになるの？」と尋ねると，学生は「えっと，先生ですか？」と何か不安げに答える．「先生はこれを読みたいと思う？」とちょっときつめに尋ねると，学生は黙ってしまう．アカデミック・ライティングの学び始めはどうしても英語の文法や表現などの細かいところが気になり，読者を想定する必要性は感じにくい．しかし，母語で書かれたものを考えてほしい．たとえ文法が正しく，表現がこなれていても，面白くないものは面白くない．つまり，極言すれば，文法や表現が多少間違っていても，読者の気を引ければ，読者は「頑張って読んでみよう」となる．英語力の問題ではないのである（ただし，後述するように出だしは特に文法や表現にも気を使う必要がある）．

　方法は色々あるが，お勧めは読者が驚きそうな事実やデータを示すことである．その際には，general → specific の型も考慮し，specific すぎないよう配慮する．

1) It is still not clear why people and animals yawn.

　この書き出しはあくまで一例であり，上手くいっているかはわからない．私は理系ではないため，私が意外だと感じたことを，その分野の論文の読者がどれだけ意外に感じるかは未知数である．自身の専門分野であれば，その魅力を把握する必要があり，その魅力をできるだけ多くの読者に知ってもらおうとすることが重要である．これに関連して述べると，自身の専門分野以外の人も読みたくなるような書き出しが望ましい．新しいアイデアは他分野の発見から生まれることがよくある．

　学生のイントロに多いのはあまりに general な書き出しで始めることである．

column 05　読者の心をつかむイントロ

2) It is a well-known fact that people and animals yawn.

　イントロの型にはめるという点では間違っておらず，突然本題に入られるよりは断然よいが，これで続きが読みたくなるわけではない．この文の次に but や however を使って 1) のような文を続けるやり方がよく見られるが，いっそのこと 1) の文で始めたほうが続きを読んでみようとなるのではないだろうか．また，この事実を知らない読者にも読んでほしい場合には 2) は適切な書き出しとはいえない．読者が知っていることを前提で語っているからである．
　先に，出だしは文法や表現にも気を使う必要があると述べたが，これは，第一印象をよくし，続きを読もうとする読者の気持ちを削がないためである．誤字脱字などのミスが出だしに多いと，そこで抱いた悪い印象はずっと残る．チューターの経験から述べると，多くの学生は書きたてを持ってくることが多く，チュートリアル中に学生自身がミスに気づいて恥ずかしい思いをすることになる．

3) A recent servey showed that one in every three people in japan use a smartphone.

　これは極端な例であるが，このようなことが積み重なると読み進める気はなくなる．ちなみにここでは綴り（servey → survey），大文字小文字の区別（japan → Japan），主語と動詞の数の一致（use → uses）の間違いが存在している．日本人にとって学習が困難である冠詞や前置詞はともかく，本人が意識すれば直せるような間違いは入念にチェックし，読者に信頼感を抱かせたい．間違いを減らすためには，よく知らない表現を用いたり，文を長くしたりする必要もない．
　実際のところイントロを書くのは大変難しく，最後まで悩む箇所である．授業の課題でかなり早い段階にイントロを書くように指示された学生は苦労しているのがよくわかる．イントロを書くのを急がず，じっくり思考錯誤することも，読みたくなるイントロを作成するコツの一つとして挙げておく．

第7章

英語の論文に慣れるために
――何から始めたらよいか

片山晶子

さて6章にわたって初めて英語科学論文を書くために必要なさまざまなことを学んできたが，これから研究生活を始めようという読者の皆さんの多くは，「でもとりあえずどこから手を着けたらいいのだろう」と思うだろう．実際NatureやScienceに出ている論文を見ると，こんなものが書けるようになるとは思えないほど難解だし，大学院で初めて「これ読んでおきなさい」と渡された論文や専門書のチャプターはみな英語で，覚悟はしていたものの非常に難しい．この章では英語で科学論文を書くための準備としてどのようなことをしたらよいのかを，実際の先輩大学院生や若手研究者の聞き取りをもとに紹介する．ほとんどの人は書けるようになるためには母語でも外国語でも，まず読まなければならないということは直感的に知っている．では何をどのように読んだら科学論文を書けるようになるのだろうか．この章では初めに英語力が身につく読み方について提案をしたあと，後半では科学論文を書くための英語力，特に語彙と表現力が身につく比較的読みやすい素材を紹介する．

英語力が身につく読み方—大量で継続的なインプット

第2言語習得で，読むこと聞くことは「インプット」とよばれる．**話す，書くという「アウトプット」ができるようになるために必要なインプットは「大量」で，しかも「継続的」である必要がある．**しかし，いくらいずれは「科学論文を書く」というアウトプットをしなければならないとわかっていても，研究生活をこれから始める理系学部生や始めたばかりの大学院生にとって，突然明日から難解な科学論文を大量かつコンスタントに読み続けることは荷が重い．たまに課題などのために「大量」に読む（読まされる）ことはあっても，それが自主的な「継続」にはなかなか繋がらないのではないか．

では何をどのように読めばよいのか．どのようなインプットなら継続が可能かは個人差があるが，一般的には少しぐらい難しくても面白いのでどうしても読んでしまうような，あまり長くない「読み物」に毎日の単位で接する

ことが望ましい．そのためには自分に合った「読む習慣」あるいは「日課」を作ることが大切である．もちろんまず「面白い，どうしても読みたい」と思える，俗に言う「はまる」ほどの読み物を見つけることも，大量で継続的インプットを確保する上で極めて重要である．「習慣化」と「強い興味」は，やがて論文を書けるレベルの英語を習得するためのキーワードといっても過言ではない．

　研究者のなかには，英語を読むことを生活のなかに自然に溶け込ませている人もいる．「大学への行き帰りの電車の中では必ずスマートフォンで英語を読んでいる」「研究室でコンピュータを立ち上げてからの30分間ぐらいは，ブックマークしてある好きな英語のサイトを眺める」というように，読む時間や生活場面を習慣化できるとあまり負担は感じなくなるようだ．別に読解テストがあるわけではないので，このように読むときは完全に理解しなくても一向に構わない．気にせずわかるところだけ読んで楽しむぐらいの姿勢が長続きのコツである．ではどのようなものを読めば，英語科学論文の執筆に役立つのだろうか．

科学ニュースを読む

　インターネットのおかげで，読むことは場所や時間を問わずできるようになった．たとえばブラウザを立ち上げたときの最初の画面を，英語の科学ニュースページにしておく．毎日何度か必ず「見る」ことになる．何のことかわからない記事でも見出しだけは必ず読む．少しでも関心のある記事は，ページに載っている始めの部分だけはとりあえず読む．もっと読みたくなったら，クリックして全文へいく，というように自分の興味にそって自然に毎日科学に関する英語を読むことになる．ニュース記事の書き方は科学論文とは多少異なるが，CNN，BBCなどのサイトにあるScience, Environment, Technologyなどのページは，一般向けに書かれているので簡潔で読みやすい．初めはやや難解な感じがしても，英語の難しさには少し我慢して，自分

の興味の赴くままに毎日読めば，だんだん慣れてきて，語彙や表現は確実に増える．
　世界最高水準の科学論文誌 Science や Nature の電子版トップページも，最近では理系の専門家に限らず，広く世界の人々の興味を引きつけるようなニュース仕立てになっている．カラフルな写真が多く掲載され，難解で近寄り難いかつての科学論文誌のイメージはすっかり払拭されていて，驚くほど面白い．学術誌としての Nature のトップページ，Journal Home も論文の紹介やリンクだけでなく，最新科学にまつわる話題満載で，科学を志す皆さんならいつ開いても何かしら「面白そう」と思えるニュースが見つかるに違いない．面白さにひかれて，毎日ちょっとだけ読むという習慣をつけるのに非常に適している．

ニュースから論文へ

■ Abstract を読む

　このようなニュースメディアや科学ジャーナルのサイトを眺めていて特に関心のある話題を見つけたら，リンクからオリジナルの論文に飛んでみよう．論文全文は長くて難解だが，Abstract なら多少難しい単語があってもそれほど時間をかけずに読める．次はその一例である．

　2015 年 8 月のある日，いつものようにコンピュータを立ち上げ，ブラウザをひらくと Nature のホームページに昨夜テレビニュースでも見たタコの絵が載っていた．

第 7 章　英語の論文に慣れるために

http://www.nature.com/nature/index.html

　そういえばテレビでは「タコは意外に賢い」というようなことを言っていた．日本の沖縄科学技術大学院大学も関係した研究らしい．専門外だけれど，いったいどんな論文かちょっと興味がある．タコの絵をクリックしたらNature 最新号のページに飛んだ．About Cover（表紙について）をクリックすると件のタコ研究の概略が短く簡潔に書いてある．全部完璧にわかるわけではないけれど，日本のテレビニュースでは一般視聴者向けにやさしい言葉で説明していた同じ事柄が，英語論文ではどのように表現されているのかこの紹介文を読むと何となくわかる．

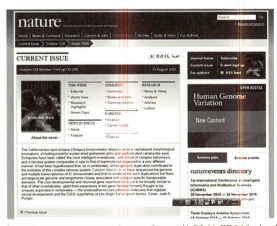

http://www.nature.com/nature/journal/v524/n7564/index.html

About Cover

The California two-spot octopus (*Octopus bimaculoides*) displays several cephalopod morphological innovations, including powerful sucker-lined prehensile arms and sophisticated camera-like eyes. Octopuses have been called 'the most intelligent invertebrate', with a host of complex behaviours, and a nervous system comparable in size to that of mammals but organized in a very different manner. It had been hypothesized that, as in vertebrates, whole-genome duplication contributed to the evolution of this complex nervous system. Caroline Albertin et al. have sequenced the genome and multiple transcriptomes of *O. bimaculoides* and find no evidence for such duplications but there are large-scale genome rearrangements closely associated with octopus-specific transposable elements. The core developmental and neuronal gene repertoire turns out to be broadly similar to that of other invertebrates, apart from expansions in two gene families formerly thought to be uniquely expanded in vertebrates — the protocadherins (cell-adhesion molecules that regulate neural development) and the C2H2 superfamily of zinc-finger transcription factors. Cover: Judit R. Pungor.

「ヒトゲノムならぬタコゲノムの解明か…ちょっと興味あるな．どの論文だろう」と，目次を探してみる．Nature 電子版は週刊で，目次の始めのほうは This Week, News in Focus, Comment といった科学ニュースや論評記事がアップされている（2015 年）．後半に Research のセクションがあり，そこもまずは News and View という話題から始まる．一般に科学論文とよばれるフルサイズのペーパーは Articles であるが，それ以外の種類の論文がいろいろある．Letter という項目にこのタコの論文が入っていた（論文の種類については第 2 章参照）．全部読んでいる時間はないが，とりあえず Abstract を読めばタコのゲノムについて，テレビニュースの説明よりはわかるだろう．

The octopus genome and the evolution of cephalopod neural and morphological novelties

Caroline B. Albertin, Oleg Simakov, Therese Mitros, Z. Yan Wang, Judit R. Pungor, Eric Edsinger-Gonzales, Sydney Brenner, Clifton W. Ragsdale & Daniel S. Rokhsar

Coleoid cephalopods (octopus, squid and cuttlefish) are active, resourceful predators with a rich behavioural repertoire. They have the largest nervous systems among the invertebrates and present other striking morphological innovations including camera-like eyes, prehensile arms, a highly derived early embryogenesis and a remarkably sophisticated adaptive colouration system. To investigate the molecular bases of cephalopod brain and body innovations, we sequenced the genome and multiple transcriptomes of the California two-spot octopus, *Octopus bimaculoides*. We found no evidence for hypothesized whole-genome duplications in the octopus lineage. The core developmental and neuronal gene repertoire of the octopus is broadly similar to that found across invertebrate bilaterians, except for massive expansions in two gene families previously thought to be uniquely enlarged in vertebrates: the protocadherins, which regulate neuronal development, and the C2H2 superfamily of zinc-finger transcription factors. Extensive messenger RNA editing generates transcript and protein diversity in genes involved in neural excitability, as previously described7, as well as in genes participating in a broad range of other cellular functions. We identified hundreds of cephalopod-specific genes, many of which showed elevated expression levels in such specialized structures as the skin, the suckers and the nervous system. Finally, we found evidence for large-scale genomic rearrangements that are closely associated with transposable element expansions. Our analysis suggests that substantial expansion of a handful of gene families, along with extensive remodelling of genome linkage and repetitive content, played a critical role in the evolution of cephalopod morphological innovations, including their large and complex nervous systems.

　前出の About Cover よりはだいぶ詳しく，どんなことをどのようにして発見したのかが書かれている．それでも語数にすると 250 語，細かいわからないことを気にしなければ一気に読める．「なるほど，無脊椎動物にしてはイカやタコは，目はカメラみたいだし，巧みに保護色も使えるし，ものを掴むのも上手だし，多彩な能力があるんだな．何でそんなに高度なことができるのか，脳と体の進化を分子レベルで解明しようと遺伝子の配列を調べたのがこの研究なんだな．で，何がわかったんだろ…へえ，脊椎動物にしかなかったはずのある種の遺伝子群の拡張が，タコにもあった … ってことらしいな」とざっくりとわかる．

　このように，毎日の科学ニュースをネットサーフィンして，自分が面白いと思った研究のニュースについて，その元の論文の Abstract だけは「わかってもわからなくても読む」と決めておく．これは，自分の興味関心を満たしつつ，しかも実際に自分が論文を書くとき役に立つインプットに毎日単位で接することを「習慣化」するための一つのアイデアである．

　Abstract は論文のさまざまな部分のなかでも特に，いざ書くとなると言語能力がモノをいうところだといえる（第 2 章 p26　Abstract）．Abstract は表も図もない論文の要約である．これを読んだら論文の必要要素① Why（なぜこの研究をしたのか），② How（どのように実験したか），③ What（何を発見したのか），④ What it means（それが意味することは何か）が把握できるガイドでなくてはならない．ほとんどの著者は論文の顔である Abstract は重要事項をコンパクトに伝えられるよう，そして自分の研究が多くの科学者の目にとまるよう，かなり力を入れて書いている．これから研究生活に入る新人科学者の皆さんも，間もなく効果的な Abstract を書くために苦吟することになる．早いうちからたくさん読んで慣れ親しもう．

第 7 章　英語の論文に慣れるために

■ 短い科学論文を読む—Letter, Communication など

　科学論文を書けるようになるためには無論 Abstract に留まらず，科学論文全体を読むことは避けて通れない．しかしフルサイズの科学論文（Nature などの論文誌では Article ともよばれる）のほとんどは，長くてなかなかたくさん読むことができない．多くの研究初心者は論文を読むのがどうしても遅い．結局インプットの量がひどく不足して習熟が遅くなり，負担感だけが増大してしまう．英語の習得だけのために長い論文を読むのはつらすぎるという学部生・院生には少し短いサイズのペーパーを読むことが勧められる．

　第 2 章で紹介されているように，科学論文には IMRaD で実験と結果考察を完全に報告する Article だけでなく，より短い，目的の異なった論文や読み物がいくつかある．Letter もしくは Communication は最新の研究の成果を速報としてリポートしているので，短くてしかも新しい題材も多く面白い．形式は IMRaD である場合が多いが，Discussion に相当する部分が短いか，ほとんどない場合もある．長さは学術誌によって異なるが Nature の投稿規定では 4 ページ 1,500 語程度となっているので，自分の専門分野のものであれば，興味関心をエネルギー源に辞書を駆使しながらでも頑張って読んでみると自信もつく．

■ 論文以外の学術誌の記事を読む
　— Readers' Forum, Commentary, Opinion

　多くの一般学術誌には読者（研究者）の意見を載せるセクションがある．Readers' Forum, Commentary, Opinion などよび方はさまざまであるが，関心のある話題であったり，投稿者を知っている場合などであれば，非常に興味深い読み物となるはずである．ほとんどの場合，あまり長くなくて読みやすい．自分が勉強している学術分野の最新の論争に触れるチャンスであると同時に，自分が専攻する分野の先輩科学者同士がどのようにコミュニケーションをしているか，科学者の言語習慣に直に触れる機会にもなる．

英語論文が書けるようになる読み方・ならない読み方

　研究生活に入れば，好むと好まざるとにかかわらず，自分の研究に関連した論文は読まなければならなくなる．ほとんどの研究者は研究のために，かなりの数の論文を頻繁に読んでいる．研究生活がちょうど10年を超えた，そろそろ中堅の科学者が，非常に不満気にこんなことを言っていた．「僕，ずいぶん論文は読んでるつもりなんですけど，だからって英語論文がすらすら書けるようにはならないですよ」もちろん彼はまったく英語で論文が書けないわけではない．実際共著の論文が何本か英語の学術誌に掲載されている．このようにある程度経験を積んでいても，英語で書くのは大変だという実感をもつ理系の研究者は，実はかなりいるようである．では，なぜある程度研究経験を積んで英語論文もたくさん読んでいるのに，書くことが思うように習得できないのか．

　日本人の理系の研究者や大学院生約10名に，どのように英語科学論文を読むか聞いてみた．すると「始めから終わりまで順を追って丁寧に読みます」という人は1人もいなかった．自分の研究の段階に応じて，しっかり読みたい部分は変化する．Methodなど自分の分野の研究なら何度も同じような研究に接して熟知しているので，読む必要がない場合も多い．そもそも研究者は時間がない．競争も激しい．論文の語彙，表現やそのニュアンスを味わいながらのんびりと熟読している暇はないと感じるのは無理もない．今までの章でも繰り返し述べられているように，科学論文は効率よく正確に情報が伝達できるよう，全体を形作るIMRaD構成から，各セクションのなかの組み立てにいたるまで定型化が著しく進んでいる．そのため，言語的情報にあまり頼ることなく研究の概要が図表や数字である程度理解できてしまう．そのような科学論文の特性に慣れれば慣れるほど，実験と結果を理解する上であまり大切ではない説明は読み飛ばしてしまう，という独特の（あるいは自己流の）読み方が身についてしまっている研究者も多いような印象を受ける．

　この読み方は研究に必要な情報を受動的に選択・獲得するには効率的かも

第 7 章　英語の論文に慣れるために

しれないが，「大量かつ継続的な言語のインプットを省略しては起こりえない」とされる第 2 言語習得を妨げる可能性がある．もちろん日常生活も研究生活もほぼ母語のみで行っているという環境要因も無視できないが，研究者独特の論文の読み方が「たくさん読んでいるのにすらすら書けるようにならない」という理不尽な感じさえする状況を作り出しているのではないか．

　言語習得のための「読み方」には大きく分けて 2 種類がある．一文一文じっくり読み込んで意味を丁寧に理解する「精読」と，詳細な理解にはあまりこだわらず，マクロな理解に重きをおいて多くのテキストをあまり時間をかけずに読む「多読」である．英語科学論文からの言語習得も多読と精読の両方が必要である．前にも述べたように，理系の研究者は多読はしているが，精読はあまりしていない印象がある．英語の習得は無論研究の第一目的ではない．だとすると，論文英語を習得して自分でも自由に書けるようになるためには，研究活動の日常のなかで多読だけでなく精読も取り入れる意識的な工夫が必要である．そしてその精読は研究にも役立つよう工夫することが長続きのために大切である．次にその方法をいくつか提案する．無論，研究環境，研究室の慣習，個々の勉強のスタイルには個人差が大きいので，以下を参考にそれぞれ自分にあった精読法を工夫することが望まれる．

■ トップ 10 精読

　どのような研究でも文献として必ず引用する重要な先行研究がある．まだ大学院に入って間もない研究者でも自分の研究テーマがだいたい決まってくれば，「この論文は繰り返し読んだ，これからも何回も読むだろうっていう論文がありますか」と問うと，必ず「はい」と答える．指導教官や先輩から「これだけは読むべき」という論文を何本か聞いて，10 本ほどのリストを作るのもよいだろう．そして，そのような論文はぜひ言葉にも注意を払って精読をしてみよう．多くの研究者は大事な論文にはたくさん書き込みをしたり，自分なりのノートを作る．重要な論文には自分で英語の要約やノートをつけておくと，正確な理解の助けになり，あとから自分の論文にその論文を引用するときにも便利である．

■ 輪読精読

　研究室によっては，重要な先行研究を輪読という形でグループで読んでいるところも多くある．輪読をする論文については，担当者がほかのメンバーのために概要をまとめた1〜2ページのレジュメやハンドアウトを用意する場合もある．最近では日本語力が不十分な外国人の院生や研究者のいる研究室においては，レジュメを英語で作ったり，輪読そのものを全部英語で行うこともあるようだ．輪読する論文は自分が担当でなくても必ず英語でノートを作ると決めておくと，自然と図（Figure）や表（Table）だけでなく，論文の言語表現にも目がいって内容もよく理解でき，しかも言語にも注意を向けることができる．

■ 定期精読

　研究者のなかにはカントのように「毎日の日課を決めて仕事をするのが合っている」という人も多い．また「…を待っている間はいつも論文を読むようにしている」という「習慣化」が身についている人も多いようだ．この章の前半でも述べたように言語習得に欠かせない習慣化のなかに精読を意識的に組み入れるとよいかもしれない．朝，コンピュータを起動してBBC一般のニュースと科学環境ニュースを眺めたら，その勢いで「論文精読」を10時までやる．それから実験，というように．

 精読の効用

　表やグラフの拾い読みではなく，言語に注意を払って精読をすることによって習得することのできる科学論文の特徴は多々あるが，特に気をつけて読むと，書くときに役に立つと思われるものを次に挙げる．

■ 簡略化のコツをおぼえる

初心者の英語論文にありがちな特徴の一つとして，情報量に比して文が長くまどろっこしい，ということがある．3章で述べたように科学論文は簡潔で早く読める文を好む．前出のタコの研究の「About Cover」説明の最初の文に注目して，次の2つの文を比べてみよう．

(A) The California two-spot octopus (*Octopus bimaculoides*) displays several cephalopod morphological innovations, including powerful sucker-lined prehensile arms and sophisticated camera-like eyes.
 (http://www.nature.com/nature/journal/v524/n7564/index.html)

(B) The California two-spot octopus, whose Latin name is *Octopus bimaculoides*, displays several cephalopod morphological innovations. They include powerful prehensile arms which are lined with suckers. The innovations also include sophisticated eyes which resemble cameras.

(A)は原文である．短い一文に情報が要領よく詰まっている．(B)は初心者が書きがちなムダの多い文である．(A)では "sucker-lined" や "camera-like" のようにハイフンを適宜使うことによって，情報を簡潔にしている．Abstractやさらに短い研究の要約には表や図はないので，言葉だけをじっくり読むことになる．毎日読んでいるうちに，簡潔な文を書くテクニックに気づくことができる（コラム「簡潔な文の書き方」〈p73〉）．

■ Transitions（つなぎ言葉）をおぼえる

かなり英語科学論文を読んでいると自負する日本語母語話者の研究者でも，いざ書くとなるとあまり使いこなせていないのが，Transitionすなわち「つなぎの言葉」である．

Methodのセクションに出てくるようなFirst, Second, After that, Finally

というようなプロセスの時系列を明確にする Transition はすぐに使えるようになるが，ロジックの繋がりを表す therefore, consequently, in contrast などの Transition はすぐにはマスターできないようだ．これも論文のテキストの部分を表現に少し注意を払いながら丁寧に読むことで，読み手にとってわかりやすい流れのよい文章にするには，いつどんな風につなぎ言葉を使えばいいのかが次第に身についていく．

■ 細かく読んで初めてわかる Hedging などのニュアンス

第2章（p39 Discussion）と第3章（p70 Hedging）でも述べたように，科学論文では正確さを期するがゆえに，適切な Hedging（婉曲表現）が非常に重要になる．Hedging をする必要のないところで Almost や It might be のような表現をつい使って記述を曖昧にしてしまったり，逆に Hedging をするべきところを断定してしまって誇張と受け取られるようなことは防がなければならない．しかし Hedging の表現は種類も多く，微妙にニュアンスに差がある．どの表現をどこでどのように使うのかは，表や図だけでなく，論文のテキストの部分を丁寧に読むことでしっかり習得する必要がある．

■ よいタイトル・悪いタイトル

論文のタイトルは，自分の研究を必要としている世界中の研究者に論文を見つけてもらうための「顔」である．論文検索をたくさんするようになると，出版された論文のなかにも，よいタイトルとあまりよくないタイトルがあることに気づくだろう．短すぎるもの，長すぎるもの，奇をてらうあまり肝心の内容がはっきりわからないものは不親切なタイトルであり，研究者と研究をつなげる役割を果たしていない．第3章でも紹介した Takahashi and Yamanaka（2006）のタイトルは，キーワードと何をどうしたのかがコンパクトにまとめられたよいタイトルの例といえる．

Induction of Pluripotent Stem Cells from Mouse Embryonic and Adult Fibroblast Cultures by Defined Factors

もしこれが "Induction of Pluripotent Stem Cells" だけであったら，そもそもこの新しい技術を世界に紹介することが目的なのに，情報量が不十分で読者は内容を把握しにくい．

 逆に "Induction of Pluripotent Stem Cells from Mouse Embryonic and Adult Fibroblast Cultures by four defined factors Oct3/4, Sox2, c-Myc, and Klf4" とすると，長すぎておそらく学術誌のタイトルの語数規定をオーバーしてしまうだろう．

 キーワードをもらさず含んで，しかも研究のポイントがはっきりわかるタイトルが書けるようになるためには，タイトルだけをたくさん読むのではなく，論文のタイトルと内容の結びつきを実際の論文から学び取ることが必要である（第2章 p24　Title）．

 身近なお手本

 繰り返しになるが，精読は英語科学論文から受動的に情報を得るだけでなく，やがて自分も書けるようになるために決して省くことのできないプロセスである．しかしそれが意味不明で退屈で，労多く実り少ない行為になるか，それなりに楽しく，自然に日々の習慣のなかに溶け込んで，それほど意識しなくてもいつの間にかやっていることになるかは，研究者個々人の調整にかかっている．そして，その成功法は「これさえすれば，誰でも英語論文が書けるようになる」というような乱暴な一般化は決してできない．論文英語の習得は，科学者としてまずは自分の所属する研究室に，そしてやがては広く自分の研究分野という共同体のメンバーになることの一部だからである．本書を書くために論文執筆の経験談を聞かせてくれた研究者の皆さんからも「分野によって違うけれど…」「うちの研究室ではほかと違って…」といった発言が繰り返し出てきた．科学研究そのものがそうであるように，科学論文への取り組み方にも個別的でローカルな「村の掟」のようなものがたくさんあることがよくわかる．

このために非常に役に立つのは身近に「お手本」がいることである．ほとんどの研究者が研究室という環境で，修行を積んで一人前になっていくのは，研究室には相撲部屋や職人の仕事場のように，原始的ではあるが極めて効果的な「見習い」スタイルの学びがあるからだ．自分の研究室のなかで「この人のようになりたい」と思う先生や先輩がいたら，その人がどんな風に勉強しているか口で説明してもらうだけではなく，見て真似をするといい．科学論文をどんどん国際ジャーナルに載せている人は，科学英語の習得も含めて研究者として成功するための暗黙知をもっている可能性が高い．皆さんの周囲にそういう先生や先輩がいたら，何を読んでいるんだろう，どんな風に書いているんだろうというようなことを，傍から意識的に学ぶ，あるいは無意識に吸収することが極めて大切である．

終わりに

科学は「なかよし」

Sciences are of a sociable disposition, and flourish best in the neighbourhood of each other : nor is there any branch of learning, but may be helped and improved by assistance drawn from other arts.

William Blackstone
Commentaries on the Laws of England, 1765, vol.1, p.33

　上の一文は東京大学教養学部科学英語プログラム ALESS の創始者であるトム・ガリー教授が，ALESS の学習支援を行っている駒場ライターズスタジオや ALESS Lab に掲示してはどうかと本書の著者に紹介してくださった 18 世紀の英国の法学者ウィリアム・ブラックストンの言葉である．ここでいう科学とは広い意味での科学，すなわち「諸学問分野」を指しているが，科学におけるコミュニケーションの大切さを巧みに表現した今日にも通ずる至言だ．

　21 世紀の科学者となる本書の読者の皆さんが，共通言語・共通様式で論文を書かなければならないのも，皆さんがこれから生み出す新しい知識が「仲間」を求めているからなのだ．

英語科学論文のキーワード

Abstract ……………………… 26, 140	Method ……………… 32, 59, 94, 101
Article ………………………… 22, 145	Paragraph …………………………… 61
Author ……………………… 47, 86, 122	Paraphrase ………………… 112, 127
Citation ………………… 42, 109, 132	Protocol ……………………… 33, 105
Conclusions ………………………… 41	References ………………… 42, 119
Discussion ………… 39, 60, 105, 125	Results …………… 34, 60, 101, 105
DOI ……………………………… 48, 119	Review ………………………… 23, 89
Figure ……………………… 35, 60, 110	Summary ……………………… 41, 125
Hedging …………………… 39, 70, 150	Table ……………………………………… 37
Introduction …… 14, 28, 58, 61, 99	Title ……………………………… 24, 151
Letters ………………………… 22, 145	Topic ……………………… 26, 29, 62
Materials ……………………… 33, 99	

引用 ……………… 28, 35, 42, 89, 116	文献管理 ………………… 42, 89, 131
出典 ……………………………………… 116	文献検索 ………………… 48, 78, 123
先行研究 …………………… 12, 99, 147	

中山書店の出版物に関する情報は，小社サポートページを御覧ください．
https://www.nakayamashoten.jp/support.html

理系学生が一番最初に読むべき！
英語科学論文の書き方

2017年4月25日 初版第1刷発行Ⓒ 〔検印省略〕

編集・執筆 ── 片山 晶子
発行者 ── 平田 直
発行所 ── 株式会社 中山書店
　　　　　〒112-0006　東京都文京区小日向4-2-6
　　　　　TEL 03-3813-1100（代表）　振替 00130-5-196565
　　　　　https://www.nakayamashoten.jp/

本文デザイン ── ビーコム
装丁 ── ビーコム
イラスト ── マエダヨシカ
印刷・製本 ── 三報社印刷株式会社

Published by Nakayama Shoten Co., Ltd.　　　Printed in Japan
ISBN 978-4-521-74519-0
落丁・乱丁の場合はお取り替え致します

本書の複製権・上映権・譲渡権・公衆送信権（送信可能化権を含む）
は株式会社中山書店が保有します．

JCOPY〈㈳出版者著作権管理機構 委託出版物〉

本書の無断複写は著作権法上での例外を除き禁じられています．
複写される場合は，そのつど事前に，㈳出版者著作権管理機構
（電話 03-3513-6969，FAX 03-3513-6979，info@jcopy.or.jp）の許諾を
得てください．

本書をスキャン・デジタルデータ化するなどの複製を無許諾で行う行為は，著
作権法上での限られた例外（「私的使用のための複製」など）を除き著作権法
違反となります．なお，大学・病院・企業などにおいて，内部的に業務上使用
する目的で上記の行為を行うことは，私的使用には該当せず違法です．また私
的使用のためであっても，代行業者等の第三者に依頼して使用する本人以外の
者が上記の行為を行うことは違法です．

学会発表の技術

プレゼン技術のプロが教える，60の技！

全く新しい

わかるデザイン60のテクニック

驚くほど相手に伝わる

著●**飯田英明**
（メディアハウスA&S）

なぜあなたの学会発表は退屈でわかりにくいのか!? 学会などの発表の際のスライドを相手に"伝わる"スライドにするにはどうしたらいいのか？ 大学や企業で，発表用資料を魅力的につくるための技を教え続けているプレゼン技術のプロがスライド作成の基本から，ちょっと気のきいたテクニックまでを豊富な実例で解説．

本書の構成と主な内容

フォーマットと構成

(I) 資料作成の基礎
- シーンから考える文字サイズ
- 書体と文字の大きさ
- 行間隔と視覚的なまとまり　など

(II) 資料作成の応用
- スライドとメッセージ
- タイトルの工夫
- 目次で予告
- 紐付けスライド
- 箇条書きをビジュアル化　など

ひと目見てわかるビジュアル表現

(III) 効果的な色の使い方
- 背景の色
- 色の数は増やさない
- 既存デザインを手本に
- 世代別の配色サンプル
- など

(IV) 表とグラフ
- 表は罫線を減らす
- グラフの見た目とメッセージ
- グラフの種類や表現の工夫
- 凡例と注釈をつける　など

(V) 写真とチャート
- 引き出し線と使い方
- 写真の色を使う
- チャートの活用と種類
- チャートを生かすテクニック
- など

学会以外の発表：構成を練る

(VI)
- 論文と発表用資料の違い
- 説明の設計図を描く
- 説明の流れと理解の階段　など

資料を仕上げる、発表する

(VII) 仕上げる
- 空白を生かした構図
- 統一性を感じさせる
- スライドの表現をチェックする
- 構成をチェックする　など

(VIII) 発表する
- 相手に語りかける
- スライド切り替えの間
- あがり症対策　など

B5判／160頁／4色刷
定価（本体3,000円＋税）
ISBN978-4-521-74094-2

中山書店　〒112-0006 東京都文京区小日向4-2-6　TEL 03-3813-1100　FAX 03-3816-1015
http://www.nakayamashoten.co.jp/